本学术著作获辽宁科技大学优秀学术著作出版基金资助

游客环境责任行为影响机制研究

赵亮 著

中国纺织出版社有限公司

内 容 提 要

　　本书以游客行为为基底，以影响机制为导向，就游客环境责任行为影响机制问题展开论述，介绍了游客行为对环境产生影响的机理，引导读者对研究的背景、目的、意义、内容和方法有基本的了解；详细论述了国内外对游客环境责任行为的研究成果，试图厘清游客环境责任行为的内涵、维度划分，并分析了相关研究的理论视角。具体分析了游客环境责任行为的影响因素，从元分析的视角分析了价值观在游客环境责任行为中的作用；综合阐述了敬畏感、自豪感、怀旧感、旅游地社会责任对游客行为的影响，为旅游环境保护提出了建设性意见。

图书在版编目（CIP）数据

游客环境责任行为影响机制研究 / 赵亮著 . —— 北京：
中国纺织出版社有限公司，2024.11. —— ISBN 978-7
-5229-2248-5

Ⅰ．X820.3

中国国家版本馆 CIP 数据核字第 202493TE06 号

责任编辑：史 岩　　责任校对：高 涵　　责任印制：储志伟

中国纺织出版社有限公司出版发行

地址：北京市朝阳区百子湾东里A407号楼　　邮政编码：100124

销售电话：010—67004422　　传真：010—87155801

http://www.c-textilep.com

中国纺织出版社天猫旗舰店

官方微博 http://weibo.com/2119887771

天津千鹤文化传播有限公司印刷　　各地新华书店经销

2024年11月第1版第1次印刷

开本：710×1000　1/16　印张：13.5

字数：205千字　定价：99.90元

自 2009 年，我国旅游业进入井喷式的迅猛发展期后，随着游客数量的不断增加，这种大规模的人口流动在给旅游地带来可观经济收入的同时，也不可避免地破坏着旅游地的环境系统。在此背景下，游客在旅游活动中表现出的环境责任行为，对旅游地环境在可持续发展中发挥的重要作用日益凸显。作为可持续旅游的重要组成部分，游客的环境责任行为被视为维持旅游地可持续发展的重要机制。因此，探究游客环境责任行为的影响机制，培育和激励游客环境责任行为，就成为旅游地管理者亟须解决的现实难题和旅游学术界研究的重要主题之一。有鉴于此，本书基于多种理论框架，采用定性与定量相结合的研究方法，遵循理论构建、实证检验的研究思路，深入探讨游客环境责任行为的维度结构、影响因素、路径、机制等问题，以期进一步丰富游客环境责任行为的研究成果。

本书通过文献综述法进行理论思辨，访谈法与扎根理论法相结合进行游客环境责任行为的理论构建，通过问卷调查法收集数据，采用统计分析法定量实证分析游客环境责任行为的影响机制。主要包括理论建构和实证研究两大部分。在理论建构部分，本书在对游客环境责任行为的国内外研究现状进行梳理之后，分析了游客环境责任行为的影响因素及行为类型，构建了游客环境责任行为综合理论模型，探讨了游客价值观与其环境责任行为的内在关系。在实证研究部分，本书在理论研究的基础上，实证分析了不同旅游情境下敬畏感、自豪感、怀旧感，旅游地社会责任对游客环境责任行为的影响。

本书研究发现，游客环境责任行为的影响因素主要包括认知因素、环境因素、结果因素、态度因素、情感因素、社会因素，以社会因素和态度因素为主要影响因素；游客在旅游时所实施的环境责任行为主要包括回馈型游客环境责任行为、约束型游客环境责任行为、自愿型游客环境责任行为、劝阻型游客环境责任行为、呼吁型游客环境责任行为五个维度；游客价值观中的环境观、生态观和积极情感因素均对其环境责任行为产生显著的正向影响；敬畏感对山岳型游客环境责任行为的直接影响效应显著，地方依恋的依赖维度部分中介敬畏感对环境责任行为的正向影响，认同维度不能单独作为上述路径的中介变量，却可以同地方依赖共同在该路径中发挥中介作用；生态旅游情境下，敬畏感、小我、道德规范可以正向影响一般环境行为，小我和道德规范分别在敬畏感和游客一般环境行为中起中介作用，与此同时，小我和道德规范在敬畏感和一般环境行为中起链式中介作用；自豪感和怀旧感均正向影响游客遗产保护行为，而且道德规范在两种情感与遗产保护行为之间具有完全中介作用；旅游地社会责任对游客环境责任行为产生显著正向影响，地方认同和感恩在旅游地社会责任与游客环境责任行为中起中介作用。

最后，本书在对已有研究述评的基础上，从中国传统文化价值观对游客环境责任行为的作用机理、中国文化背景下的游客环境责任行为构成维度与细分行为形成机制和研究方法运用的多元化三个方面阐述游客环境责任行为在未来的研究方向，期望能够抛砖引玉，引起旅游学界和实践界对环境责任行为的重视，推动环境责任行为在旅游学中的学术发展。

赵亮

2024 年 7 月

| 目录 |

第一章　绪论

本章共分为五个部分，分别为研究目的、研究意义、研究内容、理论基础和研究方法。

第一节　研究目的

党的二十届三中全会提出加快完善落实绿水青山就是金山银山理念的体制机制。这些重要思想为我们坚定不移地保护生态环境，加强生态文明建设指明了方向。旅游业作为"无烟产业"，生态环境是其可持续发展的基础和关键要素，拥有天然优势的环境氛围，应当成为建设祖国生态文明的重要产业。自 2009 年国家提出将旅游业培育成国民经济的战略性支柱产业和人民群众更加满意的现代化服务业后 ❶，我国旅游业进入了井喷式的迅猛发展期。根据文化和旅游部所公布的数据，2023 年国内出游人次 48.91 亿，比 2022 年同期增加 23.61 亿，同比增长 93.3%。随着游客数量的不断增加，这种大规模的人口流动在给旅游地带来可观经济收入的同时，也不可避免地破坏旅游地的环境系统，旅游景区在容纳大批游客的同时，要承受游客随手乱扔垃圾、到处刻字等负环境行为对景区环境和生态系统造成的污染和破坏，这在无形中导致旅游地人地矛盾的日益突出。例如，被美誉为"天空之镜"的青海茶卡盐湖，在旅游旺季的巅峰时期一天能清理 12 吨垃圾，其中很大一部分都是游客进入盐湖内穿着的塑料鞋套。峨眉山捡垃

---

❶《〈中华人民共和国旅游法〉解读》编写组.《中华人民共和国旅游法》解读 [M]. 北京：中国旅游出版社，2013：12.

圾的工作人员每天要从近乎 90 度的崖壁，下降 100～200 米处捡起游客随意丢弃的垃圾。被评为"中国十大夜市"的洛阳市十字街夜市，一位环卫工人一晚上就要拉走近万斤垃圾。三清山风景名胜区巨蟒峰因三名攀岩者在违规攀岩过程中被打入 26 颗岩钉而造成了严重损毁。张掖七彩丹霞景区因四名游客违规踩踏景区未开放区域，由此对彩色丘陵地质地貌导致的人为破坏至少需 60 年才可恢复原貌。游客的这些行为不仅影响游客自身的旅游体验，还直接影响旅游地的可持续发展，造成游客旅游满意度下降。为了治理这些不文明行为，国家相关部门制定了一系列措施，但游客随手采摘花草、乱丢垃圾、破坏名胜古迹等不文明旅游现象仍然常见。由此发现，仅依靠实施监管惩罚措施并不能从根本上解决问题，主要是因为景区管理人员不可能时刻监管游客，当旅游地景区监管稍有不当时，游客负环境行为就会屡见不鲜，这已成为管理实践中的难点。

国家和景区都制定了相关的制度来限制和约束游客的负环境行为，但仍存在无法对每个游客都进行监管以及惩罚力度不足等劣势，不利于整个旅游业的发展。在此背景下，游客在旅游活动中表现出的环境责任行为，对旅游地环境在可持续发展中发挥的重要作用日益凸显。作为可持续旅游的重要组成部分，游客的环境责任行为被视为维持旅游地可持续发展的重要机制。已有学者研究发现，游客在旅游过程中是存在自发的环境责任环境行为及意愿的，会妥善处理在旅游活动中产生的垃圾，认真对待在旅途中出现的名胜古迹和花草树木等景区环境，自觉地遵守景区制定的环境行为条例，甚至会积极劝阻其他游客的负环境行为。因此，探究游客环境责任行为的影响机制，培育和激励游客环境责任行为，就成为旅游地管理者亟须解决的现实难题和旅游学术界研究的重要主题之一。

学者们主要从客观层面和主观层面两方面出发，基于不同的理论框架对游客环境责任行为的影响因素和形成机制进行了较为深入的研究。在客观层面，主要从旅游景区的氛围和环境以及游客所受的教育来分析游客对旅游地的环境责任环境行为；在主观层面，主要是从游客自身的产生的地方依恋、主观规范等认知和情感因素来探讨环境行为的影响机制。这些研究成果为后续研究的开展提供了坚实的研究基础与切实可行的思路借鉴。虽然如此，由于游客环境责任行为的复杂性，从整体来看，对其影响机制的研究还是比较薄弱。鉴于此，本书基于多种理论框架，采用定性与定量相结合的研究方法，遵循理论构建、实证检验的研究思路，深入探讨游客环境责任行为的维度结构、影响因素、路径、机制等问题，以期进一步丰富游客环境责任行为的研究成果。具体而言，本书的研究目的有以下三点：

一是探索游客环境责任行为的维度构成与影响因素。游客环境责任行为有哪些类型？具体包括哪些行为？这些行为有什么特点？影响游客环境责任行为的主要因素是什么？通过回答以上问题，厘清游客环境责任行为维度构成与影响因素，从而为游客环境责任行为影响机制的实证研究提供理论基础。

二是实证检验游客环境责任行为的影响机制。随着研究的不断深入，学者逐渐发现，情感因素比认知因素更能提升游客的环境责任行为，情感被认定为促进个体与大自然和谐相处的重要因素。因此，本书从人地关系视角选取敬畏情感，从"认知"+"情感"相结合视角选取怀旧情感，构建游客环境责任行为的影响机制理论模型，使用 AMOS 建立结构方程模型，检验提出的关系假设，实证检验主要影响路径。此外，本书还从外部影响因素 +"情感"视角，实证检验了旅游地社会责任行为对游客环境责任行为的影响路径。

三是为旅游管理方干预游客行为提供知识基础。通过对游客环境责任行为影响机制研究，挖掘敬畏情感等情感因素对游客正向行为的内在作用机制，可能反向影响游客在日常生活中的积极行为，从而对整个社会的生态文明建设产生深远影响；为旅游地经营管理部门基于"情感关系""群体规范"等策略实施，引导、诱发游客自主正向行为提供理论与实践基础。

第二节　研究意义

一、理论意义

（一）有助于拓展环境责任行为相关研究的理论范围

综观现有研究成果，大多数学者都是从认知层面对游客环境责任行为进行分析，如环境知识、环境关注、环境态度、环境关心、感知价值、生态价值观、环境教育感知、旅游涉入等。随着研究的不断深入，学者逐渐发现情感因素学者个体情绪的重要驱动作用不容忽视。本书选取敬畏感、自豪感、怀旧感以及感恩情感，分别从人地关系视角、"认知"+"情感"相结合视角、外部影响因素+"情感"视角，综合分析不同影响变量对游客环境责任行为的作用机制，推动了游客责任行为影响研究在情感范畴和相关方面的理论化。

（二）有助于激活游客环境责任行为研究的新想法和新思路

本书首先运用扎根理论方法厘清了游客环境责任行为维度构成及影响因素，在此基础上实证研究了个人因素和外部情境因素两个方面对游客环境责任行为的不同影响路径，探讨并检验了环境价值观、敬畏情感、怀旧情感及外部情境因素旅游地社会责任的影响作用，在一定程度上弥补了游客环境责任行为影响研究的不足，拓宽了游客环境责任行为的研究思路。

（三）有助于推动多学科交叉融合研究的发展

本书从人地关系、"认知"+"情感"、外部影响因素+"情感"等多视角相结合出发，突出游客环境责任行为影响路径的多样性，具有鲜明的学科交叉特点。本书在研究过程中不仅需要旅游学的基础理论来完成对游客环境责任行为影响机制的构建，同时还涉及管理学、心理学等其他学科领域的相关理论来实现对游客环境责任行为影机制的更深入研究。另外，在研究方法上，兼顾描述性、解释性和诠释性研究，体现了本书所奉行的跨学科研究和混合方法（定性和定量）策略。这一研究过程有助于推动游客环境责任行为多学科融合研究的发展，不断丰富旅游学科理论研究的内容。

二、实践意义

（一）为推动我国旅游产业可持续发展提供新的理念

本书从人地关系、"认知"+"情感"、外部影响因素+"情感"等多视角相结合出发，探究游客环境责任行为影响路径，从游客与景区生态环境"共生关系"的角度探讨旅游可持续发展战略，有助于改善旅游产业发展与生态环境保护之间的矛盾，推动旅游产业发展与生态环境保护之间相互依存格局的实现。

（二）为培育和引导游客环境责任行为提供知识基础

在系统分析游客环境责任行为类型、特点的基础上，通过探究"认知""情感""社会责任"等因素影响游客环境责任行为的内外在机制，发掘不同因素对游客环境责任行为的影响路径，可以为旅游管理方提供知识基础和实践参考，有助于旅游管理部门和旅游企业制订培育、激发游客环境行为的相关策略，更有效地助推游客实施积极的环境责任行为。

第三节　研究内容

本书共分为九章，第一章提出问题，第二～第四章为理论建构部分，第五～第八章为实证研究部分，第九章得出结论。具体而言：

第一章，绪论。本章主要说明了游客环境责任行为影响机制的背景和研究目的，阐述了研究的理论意义和实践意义，介绍了研究理论基础和研究方法。

第二章，国内外研究现状。本章主要从内涵界定、维度划分与测量、研究的理论视角以及影响因素等方面回顾和梳理了国内外的研究文献。

第三章，游客环境责任行为的影响因素。本章基于网络游记和访谈材料通过扎根理论的质性研究方法，探究了游客环境责任行为的影响因素及行为类型，构建了游客环境责任行为综合理论模型。

第四章，价值观对游客环境责任行为影响的元分析。本章运用元分析方法，综合国内外学者的定量研究结果，最终选择29篇文章详细的数据，从综合视角分析探讨了游客价值观与其环境责任行为的内在关系。

第五章，敬畏感对山岳型游客环境责任行为的影响。本章构建了山岳型景区游客"敬畏感—地方依恋—环境责任行为"关系模型，以千山为案例地，综合探讨了敬畏感对山岳游客环境责任行为的影响机制。

第六章，敬畏感对生态型游客环境责任行为的影响。本章构建了生态景区游客"敬畏感—小我—道德判断—环境责任行为"关系模型，以千山为案例地，综合探讨了敬畏感对生态游客环境责任行为的影响机制。

第七章，自豪感、怀旧感对游客文化遗产保护行为的影响。本章构建了文化遗产景区游客"自豪感、怀旧感 + 规范激活模型"关系模型，综合探讨了自豪感、怀旧感对游客遗产保护行为的影响机制。

第八章，旅游地社会责任对游客环境责任行为的影响。本章以地方认同和感恩为双中介变量，构建了旅游地社会责任对游客环境责任行为的影响模型，综合探讨了旅游地社会责任对游客环境责任行为的影响机制。

第九章，结论。本章首先阐述了研究的基本结论，然后基于我国背景从三个方面阐述了游客环境责任行为未来的研究方向。

第四节　理论基础

一、社会认同理论

社会认同（Social Identity）是指个体意识到其从属某个特定群体且意识到作为群体成员所附带的情感与价值。社会认同理论认为人们会通过社会比较和群体标识进行自我归类，产生"内群体"和"外群体"意识，这种意识会使人在情感上产生对内群体的偏爱以及对外群体的排斥不同的态度及行为。在环境责任行为领域，如果人们将自己标识为内群体（如环境保护主义者），便会对内群体产生积极情绪情感（如归属感），并遵从内群体的价值体系和群体规范；如果人们将自己标识为外群体，便无法形成环境保护群体特有的价值体系和行为规范，因而也会表现出比较少的行为活动。

社会认同理论同样适合理解游客与旅游地之间的关系。在社会认同理论下，游客环境责任行为被视为旅游地与游客共同努力的结果，旅游地对游客的服务越到位，就越能让游客产生自我归属感，从而使游客产生的认同心理更强烈。游客可以根据自己的角色来定义自己所属的群体，通过对旅游地产生的情感依附来建立与旅游地长久的关系。同时，旅游地可以凭借其声誉来影响游客对旅游地的情感认知，进而使游客认同旅游地以激发游客实施环境责任行为。

二、社会认知理论

社会认知理论（Social Cognitive Theory，SCT）认为，个体的动机和信念可以指导个人的行为并产生行为结果，而行为结果又反过来影响个人的思维形式和情绪反应；同时，不同的个人认知也会引起不同的环境反应，而环境反应也会刺激个体的情绪变化。社会认知理论将环境因素和个体因素纳入模型进行综合考虑，能够更好地解释游客环境责任行为的影响机制。根据社会认知理论，由于个体的认知和行为意向会受到环境的影响，因而，游客在旅游过程中会形成对旅游地环境各种特征（如社会责任体现）的认知（心理情绪），并由此产生诸如游客环境责任行为等行为轨迹。

三、感知—情感—行为理论

感知—情感—行为理论（Cognition Affect Behaviour）被广泛应用于研究个体态度和行为形成，感知是个体基于知识和经验等对外界提供的信息理性认知的思维过程；情感是指弥散的、有价的唤醒状态（情感状态的经典定义：感觉良好或不好等）或特定的、标记的、有价的唤醒状态（情绪的经典定义：快乐、恐惧、愤怒、满足等）。美国社会学家马克·T.基维尼米（Kiviniemi）等认为感知—情感—行为理论描述了个体行为形成过程，在这个过程中个体对外部刺激或事物的感知会产生相应的情感反应，然后激励行为。学者们在发展和完善该理论的过程中，也在不断地拓展情感的内涵，例如蒋怡斌等提出的怀旧情感和屈小爽等认为地方认同等都可作为"情感因素"纳入"感知—情感—行为理论"分析框架中。感知—情感—行为理论在旅游研究中也具有较强的解释力，韩国李惠美（LeeHM）等学者运用这一理论模型解释游客的环境责任行为。

四、积极情绪拓展和构建理论

加拿大积极心理学家芭芭拉·弗雷德里克森（Fredrickson）提出的积极情绪拓展和建构理论，在相关积极情绪的研究中具有重要的意义和价值，其中拓展功能和建构功能是两大核心部分。拓展功能是指积极情绪能够拓展延续到个体的注意、行为和认知等方面，当积极情绪产生时个体会变得更加集中注意力和外向，在这种正面氛围的烘托下容易产生创新思维和策略，因此，全新的方法和经验在一定程度上拓展了个体的思想和行动。对于拓展功能的验证，加拿大积极心理学家芭芭拉·弗雷德里克森设置试验结果表明，相比于其他消极和恐惧情绪，愉悦、满足等积极情绪的注意范畴和思维—行动的分数高于其他情绪。由此可见，积极情绪能够促使个体的思维更加活跃、赋予了创造力。

建构功能指的是积极情绪能够将个体资源持续建立起来，包括心理资源、心理韧性等；身体上的资源，包括身体健康等；思想上的资源，包括智力和思维能力等；人际资源，包括社会支持等；以获取长远的收益和优势，拓展以后再次进行建构。对于建构功能的验证，提出假设积极情绪的增加能够建立一系列身体、心理、社会和认知等方面资源的增加，进而促进主观幸福感的提升，经过对模型的验证之后，假设成立。由此可见，积极情绪能够帮助个体更好地解决问题，应对困境。

五、刺激—机体—反应理论

美国心理学家梅赫拉宾（Mehrabian）和加拿大心理学家罗素（Russell）创建的刺激—机体—反应理论（简称 SOR 理论），是一种旨在揭示人们在外部环境因素的刺激下如何产生相应的行为反应的理论。在 SOR 理论中，S（Stimulus）表示刺激，包含个体所感知的一切环境和信息，O（Organism）表示机体，包含个体的情绪和思维，R（Response）表示反应，包含个体产生的行为或意识上的反应。具体而言，即个体受到外部环境因素或者其他信息的刺激，对情绪或思维产生作用，最终影响个体一系列的行为和意识的反应。现阶段，SOR 理论主要应用于消费者行为分析上，也有学者将其引入旅游领域来探讨对游客旅游意愿的影响研究。例如，王雨晨等将虚拟旅游视为一种刺激，对游客的享受感知产生影响，从而使游客产生重游意愿。何琪敏等基于 SOR 理论，构建了游客在生态保护区旅游环境的刺激下，对其感知价值产生了影响，最终对游客的满意度和忠诚度产生作用的模型。

六、规范激活理论

规范激活理论（Norm Activation Theory，NAT）是用以解释个体亲社会行为意图的重要理论框架。该理论认为，个人亲社会利他行为依赖结果意识、责任归属以及道德规范三个因素。结果意识是个体未实施利他行为而对他人造成不良后果的认知，责任归属是个体对未履行亲社会行为的负面结果所产生的责任感，道德规范是个体被社会所影响后内化形成的道德责任义务感知。该理论模型路径为"后果认知→责任归属→道德规范→利他行为"。其基本逻辑是，当个体认知到因未实施利他行为而产生的负面后果，并且认为这些负面后果是由于自己未实施利他行为而产生的，自己需要对其承担相应的责任时，就会激发个体产生实施相关行为的道德义务感，进而开始实施相关的利他行为。规范激活理论在游客行为研究中具有较强的解释力，已有学者运用该理论解释游客的环境负责行为、文化遗产保护行为等。

第五节　研究方法

一、文献分析法

本书主要使用中国知网、Web of Science 等数据库和百度学术等官方网站搜索国内外有关游客环境责任行为的文献资料。在仔细阅读的基础上将与本书研究方向不一致、与本书研究变量关联性较弱的文章删除；将质量高、权威强、具有学术贡献的文章留下悉心钻研，并且在此基础上继续检索与本书研究主题相关的优质文章直至达到饱和。

游客环境责任行为的优质文章主要来源于旅游类的期刊的《旅游学刊》《旅游科学》、*Annals of Tourism Research* 等。敬畏感相关的优质文章主要来源于心理学类的期刊，如《心理科学进展》《心理科学》等，以及旅游类的期刊，如《旅游学刊》、*Annals of Tourism Research* 等。怀旧感有关的文章主要来源于人文科学类的高质量期刊，如《人文地理》；旅游学领域的期刊，如 *Journal of Travel Research*、《旅游科学》，以及地理科学类的期刊，如《地域研究与开发》《经济地理》等。旅游地社会责任相关的文章主要来源于地理科学类的期刊，如《资源开发与市场》《干旱区资源与环境》《人文地理》，以及旅游学领域的期刊，如 *Journal of Travel Research*、《旅游学刊》、《旅游科学》、《旅游论坛》等；文献综述法为本书研究内容假设的提出、理论模型的构建以及开展实证研究提供了丰富的知识储备。

二、扎根理论法

扎根理论法强调对原始资料的归纳与分析，通过开放式编码、主轴编码和选择性编码，寻找概念之间的相关关系。开放式编码是对资料进行概念与范畴的提炼，主轴编码是通过比较初始范畴间的内涵与联系形成主范畴，主轴编码是对主范畴进行抽象提取出核心范畴。这是一种自下而上的理论构建的过程，适用于探索性研究。

三、元分析法

元分析方法是美国心理学家格拉斯（Glass）于 1976 年提出的一种运用定量的统计逻辑量化文献回顾方法。它可以将同一主题的实证结果进行整合比较统计分析，针对研究结论中存在的差异或者矛盾，通过数据给予定量化解答，发现变量之间的真实关系强度，进而归纳得出客观准确的结论。已有研究者运用元分析方法对游客环境责任行为的影响因素进行总结，因此，本书采用元分析方法，分析环境价值观对游客环境责任行为的影响程度，探索行为在特定情境下的内在规律。

四、问卷调查法

问卷是由一连串题目组成的一种调查载体，其目的在于收集相关的数据和材料，了解调查对象对某些问题的看法。问卷调查法能够直观、方便地让游客选择并阐述游玩的真实感想。本书按照问卷设计的基本流程，结合文献资料和案例地的实际情况，设计初始量表并进行前测。在前测过程中将题目语义表达不清晰和内容模糊的题项与游客进行及时沟通，根据讨论和前测的结果修订初始问卷并形成正式问卷。最后将正式问卷进行信效度检验，发放问卷并回收，为数据的统计检验提供科学依据。

五、统计分析法

本书使用 SPSS 和 AMOS 两个软件对回收的有效问卷进行数据的统计分析。首先将前测调查问卷收集的数据进行内部一致性检验、纯化量表，通过信效度分析检验量表是否有效。接下来对收集的正式数据进行描述性统计分析、正态分布检验、共同方法偏差检验、信效度检验、回归分析、结构模型检验和中介效应检验，并且对提出的假设进行验证。

第二章　国内外研究现状

本章主要从内涵界定、维度划分与测量、研究的理论视角以及影响因素等方面回顾和梳理国内外的研究文献。

第一节　内涵界定

目前的学术研究中，由于各学者的研究角度和学科领域不同，他们在各自的探讨中对同一现象采用了多种称谓，如环境责任行为、亲环境行为、环境友善行为、绿色行为、环保行为、低碳行为以及环境可持续行为等。虽然表达方式有所不同，但通过阅读不同学者的研究文献可以了解他们所表达的意思大体相同，有些学者甚至将它们进行交叉使用，迄今为止，没有学者将这些术语进行归纳和统一。本书基于工商管理的学科研究背景，采纳环境责任行为这一变量名称进行研究。

一、环境责任行为相关概念内涵

国外对环境责任行为的探索起步较早，其定义通常划分为两类情境：非旅游情境和旅游情境。在非旅游背景下，这一概念最早由美国环境心理学家（Borden）等在其研究中提出，他们将环境责任行为定义为由环保态度推动的个人或团体对环境问题的实际响应行动。美国管理学者弗里曼（Freeman）认为环境责任行为和社会责任行为之间存在一定的联系，两者都根植于对利益相关者的考量和尊重。美国环境教育学者海恩斯（Hines）等视环保行动为一种自觉的行为，它深深植根于个人的责任感和价值观中，其目标在于积极应对环境问题。美国学者西韦克（Sivek）等将环境责任行为定义为个体或群体促进自然资源可持续利用或减少自然资源利用而采取的所有行为。随后，美国环境心理学家瓦斯克（Vaske）等在西韦克（Sivek）研究的基础上将其定义为表现出促进自然可持续利用或减少自然资源利用特征的所有行为。美国环境心理学家莫布利（Mobley）等把环境责任行为看作是在宽泛的日常操作环境中，个人或是集体进行有助于环境保护的活动或活动。加拿大心理学家程雅（Cheng）等将环境责任行为界定为以环境可持续发展为目标而做出的行动。荷兰环境心理学家斯特格（Steg）等认为环境责任行为是一种以享受、亲近环境为意图或是以期望获得某些事物、情感等的任何能够提高环境质量的行动。美国学者帕斯万（Paswan）等认为环境可持续行为是一种有意识地主动减小对环境的伤害甚至做出有益于环境保护的行为，如表 2-1 所示。

表2-1　国外环境责任行为相关文献及界定

来源	定义	术语
Borden et al.（1979）	以环境态度和环境动机为导向的以保护环境为动机的行为	环境责任行为
Hines et al.（1987）	一种有意识行为并认为环境责任行为是一种以个人责任感和价值观为基础的有意识行为，旨在解决或避免环境问题	
Freeman（1984）	在某种程度上可以与社会责任行为的概念有关联，二者背后所蕴含的都是利益相关者的理论视角	
Sivek et al.（1990）	个人或团体为了减少自然资源的消耗或促进自然资源的可持续利用而进行的一系列活动	
Vaske et al.（2001）	当个人或群体表现出支持自然资源的可持续利用或减少自然资源使用的行为时，可以被认为是环境责任行为	
Mobley et al.（2010）	个体或群体在广义的日常实践情境下，做以有利于环境保护为目标的事情	
Cheng et al.（2011）	以环境可持续发展为目标而做出的行动	
Steg et al.（2014）	一种以享受、亲近环境为意图或是以期望获得某些事物、情感等的任何能够提高环境质量的行动	
Paswan et al.（2017）	一种有意识地主动减小对环境的伤害甚至做出有益于环境保护的行为	
Shalom et al.（1968）	人们以利他为目的，从而进行具有舍己为人性质的行动	亲环境行为
Stern（2000）	人们为了保护环境而主动采取措施的行为	
Kollmuss et al.（2002）	个体或群体有意识地主动实施的能够将对环境的负面影响降到最小的行为	

续表

来源	定义	术语
Steg et al.（2009）	个体所表现出来的有利于保护环境的行为或能使环境负面影响最小化的行为	亲环境行为
Scannell & Gifford（2010）	人们能够降低自己对环境的伤害并主动提高环境质量的行为	
Zhang et al.（2014）	个体为了预防周围环境被破坏而采取的行动	
Miller et al.（2015）	在各个情境中个体所表现出的保护环境或降低人类活动对环境的负面影响的行为	
Sara et al.（2008）	游客在旅游目的地尽可能地减少对环境的影响并降低自身行为对环境的破坏	环境友好行为
Meijers（2011）	个人以环境可持续发展为目的，并在此基础上采取的行动	可持续行为

　　亲环境行为研究方面，美国环境心理学家斯特恩（Stern）将亲环境行为界定为人们为了保护环境而主动采取措施的行为。美国学者科尔穆斯（Kollmuss）等将亲环境行为定义为个体或群体有意识地主动实施的能够将对环境的负面影响降到最小的行为。这一定义得到一些研究者的认可。加拿大环境心理学家斯坎内尔（Scannell）等将亲环境行为界定为人们能够降低自己对环境的伤害并主动提高环境质量的行为。中国学者张玉玲（Zhang）等认为亲环境行为是个体为了预防周围环境被破坏而采取的行动。美国学者米勒（Miller）等将亲环境行为定义为在各个情境中个体所表现出的保护环境或降低人类活动对环境的负面影响的行为。美国学者萨拉（Sara）等认为环境友好行为的特征在于游客在旅游目的地尽可能地减少对环境的影响并降低自身行为对环境的破坏。美国学者梅耶斯（Meijers）等认为亲环境行为是个人以环境可持续发展为目的，并在此基础上采取的行动。

　　国内关于环境责任行为的研究开始于20世纪90年代，相较于国外研究起步较晚。关于环境责任行为的概念界定，国内尚未形成一个统一的学术共识。赵宗金等将环境责任行为定义为出于保护环境和解决生态环境问题的目的，个体或群体基于个人情感和认知价值观而主动实施的行为。贾衍菊等视环境责任行为是促进环境持续可用性而由个体或集体所进行的各种活动和努力。基于消费者视角，黎建新等将其定义为消费者履行环境友好和资源节约义务的行为；王建明等将其定义为消费者在日常生活中实施的、直接影响并有利于环境保护的友好行为。邱宏亮将环境责任行为界定为个人或群体的环境保护行为。邓祖涛等将环境负责任行为定义为倡导可持续发展或减少对自然资源利用的行为。芦慧等基于企业员工的视角将环境责任行为界定为员工在企业管理实践中所表现出来的主动的、积极的环境友好的行为。

关于环境友好行为，国内不同学者给出了不同的界定。罗艳菊等将环境友好行为界定为个体为了解决环境问题或是预防环境被破坏通过主动参与环境保护活动的行为。范香花等认为环境友好行为是个体表现出来的环境保护性行为。

就亲环境行为研究而言，武春友等将亲环境行为界定为一种个体主动加入环境保护的行动中，能够有意识地解决环境问题的亲社会行为的表现方式。刘贤伟等认为亲环境行为是指个体基于社会责任感、个人价值观和世界观，有意做出的对环境有益的行为。王凯等指出亲环境行为一般被称为负责任的环境行为或环保行为。邓雅丹等认为亲环境行为是人们在生产和生活中刻意减少对环境的伤害、提高资源的高效使用，并主动努力改善其周边生态环境，如表2-2所示。

表2-2　国内环境责任行为相关文献及界定

来源	定义	术语
赵宗金等（2013）	基于个人环境保护素养，为了保护环境促进生态环境问题的解决而采取的自主行为	环境责任行为
贾衍菊等（2015）	个体或群体为推动环境可持续利用所采取的所有行动	
王建明等（2015）	消费者在日常生活实践中表现出来的对环境产生积极作用并与环境直接相关的友好行为	
邱宏亮（2016）	个人或群体的环境保护行为	
邓祖涛等（2016）	倡导可持续发展或减少对自然资源利用的行为	
芦慧等（2016）	员工在企业管理实践中所表现出来的主动的、积极的环境友好的行为	
罗艳菊等（2012）	个体为了解决环境问题或是预防环境被破坏通过主动参与环境保护活动的行为	环境友好行为
范香花等（2019）	个体表现出来的环境保护性行为	
武春友等（2006）	一种个体主动加入环境保护的行动中，能够有意识地解决环境问题的亲社会行为的表现方式	亲环境行为
刘贤伟等（2013）	个体有意识地以一定的社会责任感、价值观和世界观为基础而采取对环境有利的行为	

续表

来源	定义	术语
王凯等（2016）	一般被称为负责任的环境行为或环保行为	亲环境行为
邓雅丹等（2019）	人们在生产生活中有意识降低对环境的负面影响、提高资源的有效利用以及主动改善周围生态环境的行为	

二、游客环境责任行为相关概念内涵

通过详细研究和总结文献资料，本书发现学者们在解读游客所采取的在旅游地的环境保护行为时，他们使用的术语各不相同，如游客环境责任行为、游客环保行为、游客环境负责行为等，但经过梳理与总结可以发现这些名词所表达的意思基本一致，因此本书采用"游客环境责任行为"这一术语。

美国学者科尔穆斯（Kollmuss）等以及环境心理学家温文（Wynveen）认为，环境责任行为指的是个体或集体有意识地采取措施，以最大限度地减少对环境的负面影响。中国台湾学者李宗鸿（Lee）等从社区游客的角度，将环境责任行为定义为游客在休闲活动根据旅游地需要所实施的减少环境负面影响、保护环境、使生态系统和生物圈免于打扰的所有行为。美国学者斯蒂芬（Cottrell）等认为游客环境责任行为是游客是否了解生态问题及其相关知识，以及是否愿意保护环境的对环境负责的行为。中国台湾学者邱燕婷（Chiu）等认为游客环境责任行为是游客能够主动意识到自己的行为会对旅游地环境产生影响并且主动遵守旅游地环境保护规范的行为。韩国学者韩熙燮（Han）等将游客环境责任行为界定为游客为减少对环境的影响而做出的环保／可持续行为，并且进行各种绿色行动的行为，如表2-3所示。

表2-3 国外游客环境责任行为相关文献及界定

来源	定义	术语
Cottrell（1997）	游客是否了解生态问题及其相关知识，以及是否愿意保护环境的对环境负责的行为	游客环境责任行为
Kollmuss et al.（2002）、Wynveen（2015）	个体或群体有意识地实施的使环境负面影响最小化的行为	

续表

来源	定义	术语
Lee et al.（2013）	游客在休闲活动（旅游活动）中为了减少对旅游地环境的负面影响，促进保护旅游环境，不打扰当地生物圈或生态系统等诸多行为	
Chiu & Lee et al.（2014）	在生态旅游情境下，游客能够主动意识到自己的行为会对旅游地环境产生影响并且主动遵守旅游地环境保护规范的行为	游客环境责任行为
Han et al.（2016）	为减少对环境的影响而做出的环保/可持续行为，并且进行各种绿色行动的行为	

国内学者范钧等在 2014 年引入了"游客环境责任行为"这一概念，将其定义为游客在度假环境中所展现出的、有助于环境保护和度假区可持续发展的行动。李秋成等认为游客在旅行景区中的环境友善行为是游客主动爱惜、保护当地环境，并且愿意参与到旅游地生态环境保护中去的行为。周玲强等将游客环境负责行为概括为游客主动减少自然资源的消耗或促进自然资源可持续利用的行为。余晓婷等认为游客环境责任行为是指游客在其旅程上主动地减少对旅游地点的负面效应或鼓励旅游资源的持续性利用。朱梅将游客生态文明行为定义为游客在游览期间，涵盖饮食、住宿、交通、观光、购物和娱乐等活动时，对自然资源和环境实施的环保举措。这种行为促使旅游活动与生态环境相协调，积极维护生态系统的平衡，进而保障人类、自然和社会三者的和谐共存。邱宏亮认为游客环境责任行为是在旅游情境中，游客减少对景区环境的破坏或促进旅游景区环境保护的行为。张环宙等将游客生态行为界定为在旅游情境下，游客主动促进旅游资源可持续利用并有意识地降低自然资源消耗的行动。罗文斌等将游客环境责任行为界定为游客基于个人素质而主动进行的有利于旅游环境保护的各种行动。窦露参考荷兰环境心理学家斯特格（Steg）等对亲环境行为的界定，提出了游客环境负责行为的概念，即游客做出的对景区所在地的生态负面影响最小、有意识地促进旅游地自然资源可持续利用的行为。方远平等以美国学者斯特恩（Stern）对环境责任行为的界定为基础，提出了亲环境行为的定义，即人们为了保护环境或阻止环境进一步恶化而采取的相关行动，并将其沿用到旅游情境中来探究旅游亲环境行为，如表 2-4 所示。

表2-4 国内游客环境责任行为相关文献及界定

来源	定义	术语
范钧等（2014）	游客在度假区这一环境下做出有利于度假区环境可持续发展的行为	游客环境责任行为
余晓婷等（2015）	游客环境责任行为是游客在旅游活动过程中主动减少对旅游地环境的负面影响或促进旅游资源可持续利用的行为	
邱宏亮（2016）	游客减少对景区环境的破坏或促进旅游景区环境保护的行为	
窦露（2016）	游客做出的对景区所在地的生态负面影响最小、有意识地促进旅游地自然资源可持续利用的行为	
罗文斌等（2017）	游客基于个人素质而主动进行的有利于旅游环境保护的各种行动	游客环境责任行为
李秋成等（2014）	在旅游地景区内，游客主动爱惜、保护当地环境，并且愿意参与到旅游地生态环境保护中的行为	游客环境友好行为
周玲强等（2014）	游客主动减少自然资源的消耗或促进自然资源可持续利用的行为	游客环境负责行为
张环宙等（2016）	游客主动促进旅游资源可持续利用并有意识地降低自然资源消耗的行动	游客生态行为
李文明等（2020）	游客主动进行的对旅游地环境保护产生积极影响的一系列具有高层次属性的行为	游客亲环境行为

第二节 维度划分与测量

一、环境责任行为的维度划分与测量

尽管环境责任行为的定义和各种维度的测量是目前的主要研究话题，但关于这方面维度测量的研究依然相对不足，尚未形成被广泛认同的、统一的概念界定与维度划分方式。维度的合理划分能够为后续测量的准确性奠定基础。目前，学者们并未形成统一划分维度，为了测量的准确性，学者们普遍使用单一测量维度和多角度测量维度。

对环境责任行为的量表的设计和多维度测定，国外学者基于不同的学科背景和研究视角进行了探索性研究并取得了丰富的成果。迄今为止，研究学者对环境责任行为的维度测量主要呈现出"一般—特殊""单维—多维"的特征。德国心理学教授凯撒（Kaiser）从游客的视角出发，将环境责任看作一个单一维度，并开发出相应的单维生态行为学评估量表，这在学术界引起了广泛关注。更多学者将环境责任行为作为一个多维变量进行研究。美国学者西亚（Sia）等环境责任行为将细分为劝导性言论、消费行为研究、环境保护治理、法制措施和政治活动五个方面。美国环境学者海恩斯（Hines）等将环境责任行为划分为说服行动、财务操作、生态环境管理、法定活动以及政治行动五个维度，这一维度划分不仅为促进个体环保行为提供了理论借鉴，更为后续研究提供参考与启发；随后，美国学者史密斯－塞巴斯托（Smith-Sebasto）等在海恩斯（Hines）划分维度的基础上进行了补充，将环境责任行为的维度增加到八个，即公民行为、法律行动、教育策略、说服策略、经济操作以及身体力行的实施。德国心理学教授凯撒（Kaiser）则把环境责任划分为七个不同的方面，具体包括对社区的尊重、对水资源的维护、处理生态废物的措施、抑制废物的行动、生态消费的策略、生态交通设备的选择以及参与环保志愿者的活动等；Stern 先是将"环境的显著行为"细分为公众行为、消费习惯以及主动牺牲的活动三个方面，后从社会运动的角度将环境责任行为进行四维度划分，分别是环境相关的激进措施、公共领域的非激进措施、个人领域的环境问题以及其他具有环境意义的行为。美国社会心理学家瓦斯克（Vaske）等将环境责任行为分为一般行为和特殊行为两大类。其中，一般行为进一步细分为四个主要评价指标，包括"学习解决环境难题的方法""与他人探讨环境相关问题""劝导他人采纳对环境更有益的方法""与父母一同讨论环境保护问题"。而特殊行为则被纳入三个子指标："社区清洁活动中的参与度""如何将可回收垃圾进行分类""在清洗餐具时关闭水龙头"。虽然这种划分方式较为简单，但以个体的行为特点为基础进行分类，为后续不同情境下环境责任行为的再分类和影响机制研究提供了一定理论支撑。

虽然国内一些学者对环境责任行为视为一元化的变量进行探讨，然而，这种单维的衡量方式在指标选取上存在局限性，其涵盖的内容不够全面，缺乏普遍适用性和完整性。鉴于单维测量方式存在无法避免的不足，因此，学者们更倾向于选择多维度的方法研究环境责任行为。孙岩将环境责任行为划分为生态管理、消费活动（或财务活动）、劝导性行为和公众参与四个方面。这一维度划分与海恩斯的划分较为相似。王凤将环境责任行为划分为环境保护的常规习惯和一般的社会环境保护活动两个维度。龚文娟等参照斯特恩的"私人领域—公共领域"分类方法将环境责任行为划分为个人的环境责任行为和公共的环境责任行为两个维度。类似地，刘贤伟等将大学生环境责任行为也划分为私人领域和公共领域两个维度。

国内外学者对环境责任行为的概念界定和维度测量各抒己见，虽然各结论之间相互关联、相互引用，但由于学科研究背景存在一定差异，使这种结论之间相互引用的可靠性与有效性有待商榷，因此，开发一个统一而成熟的量表是极为迫切而必要的。同时，由于国内相关研究是在国外研究成果的基础上架构起来的，而这些研究结论是在西方文化背景下形成的，并不适用于中国的历史文化背景，这在早期研究中往往被忽略。因此，国内学者应该更多地基于本国文化对国外研究成果进行引用、研究，同时，也应当制定一套完全符合国内研究需求的本土化评估工具，以促进国内环境责任行为研究的持续发展。

二、游客环境责任行为的维度划分与测量

德国心理学教授凯撒（Kaiser）通过对我国台湾海滨湿地游客进行访谈后开发了单一维度游客环境责任行为量表，虽然这种单一维度量表在测量上具有简便性，也为国内外学者所采纳使用，但因无法覆盖游客环境责任行为的各个方面，容易导致测量与分析片面化，因此，学者们更倾向于对游客环境责任行为多维度的探究。中国台湾学者程天明（Cheng）等将游客的环境责任行为划分为普通的环境责任行为和特定场所的环境责任行为两个维度。中国台湾学者李宗鸿（Lee）等基于"一般—特殊"的角度，将游客的环保行动归纳为劝导行动、生态友好的行为、公民责任行为、永续行为、实际行动、环保行为和经济贡献行为七个方面。美国学者拉姆基松（Ramkissoon）等将游客环境责任行为划分为低贡献行为和高贡献行为两个维度。

国内学者中，万基财等和李文明等分别以九寨沟和南京夫子庙为对象，从地方依赖和验证地方依赖媒介作用视角，将游客环境责任行为划分为遵从性环保行为和主动环保行为两个维度；夏赞才等将其游客环境责任行为分解为知识支撑、

普遍的责任、经济活动和积极的环境保护四个方面。其中，普遍的责任主要指游客能明确他们的行为是否会对旅游景点的环境造成负面效果，并积极采取措施改正的行为。邱宏亮等利用扎根理论法分析出游客环境责任行为的四个类别，即遵规保护行为、绿色消费行为、节能行为和积极推动行为。刘文图等通过扎根理论方法识别出大学生的旅游环境责任行为的四个类别：文明旅游行为、保护环境行为、积极贡献的行为、传播推广环保意识的行为。罗芬等通过因子分析将游客环境责任行为划分为五个维度，即参与互动行为、积极参与行为、环境干扰行为、环境维护行为、后续保护行为。罗文斌等运用理论建模方法，将休闲体验游客的环保行为划分为自我控制行为和积极保护行为两个维度。

第三节　研究的理论视角

国外学者从 20 世纪中期开始研究环境责任行为驱动因素，采取多样化研究方法且取得了丰硕的研究成果。在这个过程中，学者们构建与拓展了大量理论模型，将其用于对环境责任行为影响因素的研究中，常常用于解读环境责任行为的理论包括规范激活理论（NAM）、价值—信念—规范理论（VBN）以及计划行为理论（TPB）。这些理论分别阐述了个体如何在社会规范、个人价值观和信念以及计划决策的影响下，形成并执行环保行动，其他理论如刺激—机体—反应理论（SOR）、理性行为理论（TRA）则在此不做详述。

1977 年，以色列社会心理学家沙洛姆·施瓦茨（Shalom H. Schwartz）提出规范激活理论（NAM），该理论阐释了人们在选择亲社会行为的决定过程中，人们自身的道德规范被激发出来的途径，进而影响亲社会行为的实施。沙洛姆·施瓦茨（Shalom H. Schwartz）将 NAM 模型具体分为顺序中介模型、替代中介模型和调节模型三种模型。基于规范激活理论，美国学者万（Van）等考察了道德规范对环境相关行为的影响，研究发现后果意识和责任归属与庭院焚烧行为存在显著的相关关系。美国心理学家乔伊曼（Joireman）等将社会价值取向和对未来后果的考虑纳入规范激活模型，发现感知社会后果能够正向影响环境责任行为。

荷兰经济心理学家昂韦曾（Onwezen）等通过自豪和内疚两个情感变量探索预期情感调节对环境责任行为的影响。美国社会心理学家瓦斯克（Vaske）等基于荷兰公众的随机样本，通过检验规范激活模型三个要素之间的关系，证明了规范激活和生态规范显著性对环境责任行为具有显著影响。韩国学者韩熙燮（Han）等将情感因素纳入其中构建扩展模型，证明了情感在激发顾客环境责任行为中起到重要作用。美国环境心理学家兰登（Landon）等通过研究发现生物圈价值观能够有效影响环境责任行为意图。美国学者费尼特拉（Fenitra）等在旅游背景下以目的地类型作为调节变量，通过研究发现环境知识、新环境范式、规范行为等因素能够影响环境责任行为。

美国社会心理学家阿杰恩（Ajzen）提出了计划行为理论（TPB），该理论指出个体的态度、主观标准以及感知的行为控制都是直接决定个体行为意图的关键因素。基于计划行为理论，韩国学者韩熙燮（Han）通过结构方程分析验证了该理论模型的有效性，为顾客入住绿色酒店意愿的预测提供了有效理论支撑。马来西亚学者奥吉姆翁伊（Ogiemwonyi）在马来西亚的集体主义环境中，对计划行为理论模型进行了检验，结果证实绿色文化和态度对环保行为的正面影响。德国心理学家巴姆贝格（Bamberg）构建了一个综合模型，该模型涵盖了感知行为控制、问题认知、社会规范、态度和道德规范等多个要素，并已证实这些因素对环境责任感的行为表现具有直接影响。

美国心理学家斯特恩（Stern）在 NAM 基础之上融入价值理论和新生态观点，提出了价值—信念—规范理论（VBN）以阐述环境责任行为的成因。基于价值—信念—规范理论，以色列心理学教授奥雷格（Oreg）等发现文化条件以及个人层面的社会心理变量对个体环境责任行为的形成具有显著影响。美国环境心理学家温文（Wynveen）运用 VBN 理论研究了大堡礁海洋公园和佛罗里达群岛保护区中个体的环境责任行为，并建议管理者应加强这两个保护区的环境教育，提升公众的环境认知，从而促进环境责任行为的实施。泰国环境心理学家吉亚特考辛（Kiatkawsin）将 VBN 理论与期望理论（Expectancy Theory）相结合研究了年轻游客的亲环境行为意愿。

国内方面，贺小荣等在刺激—机体—反应理论的基础上，通过研究发现酒店绿色实践的四个维度对个体环境责任行为都具有显著正向影响。谈天然基于环境破坏情境，从游客感知视角探讨了环境解说对环境责任行为的影响机制。江金波等利用怀旧情感、感知价值和地方依恋理论探讨构建历史文化街区游客的环境责任行为影响机制。王华等针对 369 名观鸟者的分析显示，生态旅游的参与度和群体规范对他们的环保行为意愿产生显著的积极影响。李文明等以鄱阳湖国家湿地公园的观鸟者为研究对象，揭示地方依恋能积极推动亲环境行为，其中自然共情和环境教育感知产生了关键的中介效应。刘文图等以大学生为研究对象，以扎根理论的方法分析大学生游客环境责任行为。徐洪和涂红伟基于社会信息加工理论构建中介模型，揭示了景区质量对游客环境责任行为的作用机制和边界条件。

第四节　影响因素

总体而言，游客环境责任行为的影响因素被分为内部影响因素和外部影响因素两种分。内部影响因素一般为认知因素、情感因素等；外部影响因素一般为规范因素、环境（情境）因素。

一、内部影响因素

1. 认知影响因素

澳大利亚学者珀金斯（Perkins）等研究显示，游客中对生态环境具有深厚价值认同和强烈利他精神的人更倾向于承诺保护环境，遵守相关的环保规则，并积极执行环保行动。中国台湾学者程天明（Cheng）等认为了解环境知识能增强游客的环保意识，从而直接影响他们的环保行为。虽然环境认知的研究广受关注，但也有观点如美国学者欧文斯（Owens）的论述，主张公众的环境行为深深地根植于日常生活习惯中，单纯增加环境知识往往不足以撼动这些根深蒂固的习惯，因而难以直接影响他们的环保行为。另外，中国台湾学者李宗鸿（Lee）等指出，在旅游情境下，由于游客心态较为轻松，他们更容易出现道德上的疏忽，这意味着仅依赖环境认知因素来理解和预测他们的行为是不够的，必须考虑外部因素的影响。

黄粹等发现无论外部环境是否提供支持，游客通常都会因积极的环境观念而表现出更负责任的环保行为；余晓婷等发现游客的环境知识和环境态度直接影响其环境责任行为；柳红波将游客的环境意识分为自然中心、人类中心和和谐共处三种类别，发现在这些不同的环境意识维度下，可以催生出不同种类的环保行动，包括遵守规定的行为和积极主动的环保行为。罗文斌等揭示出个人特征、感知价值、目的地体验、目的地涉入、地方特征、环境态度以及地方依恋等因素均对游客的环境责任行为产生显著影响。张圆刚等针对国内 27 篇相关研究进行了综合分析，确认地方依恋、态度、满意度、游憩涉入、知识、规范和感知价值等因素对游客环境责任行为具有正面影响，其中满意度的影响最显著，而感知价值的影响相对较低。高杨等人将影响因素分为两大类：一是积极情绪 / 情感类，如地方依恋、敬畏感等；二是理性因素类，包括感知行为控制、行为态度、主观规范等，并分别探讨了这两类因素对环境责任行为的作用，最终确认理性认知因素和积极情绪因素均对游客环境责任行为具有显著的正向推动作用。

2. 情感因素

情感倾向的关键因素是态度。据美国社会心理学家阿杰恩（Ajzen）所述，态度可被理解为个人对特定行为的主观看法和评估。在环境心理学领域，环境态度是一个关键概念，它涉及个体对自然环境的评价并表现为积极或消极的心理倾向。研究环境责任行为的动因时，环境态度与行为的关系成为一个重要的探讨角度。众多研究者运用理性行为理论、计划行为理论以及价值—信念—规范等理论工具，试图揭示这两者之间的关联。特别是在对环境高度敏感的旅游地区，环境态度被认为是塑造游客环境责任行为的核心因素。现有研究表明，环境态度与环境行为之间存在积极的关联。以美国学者吉拉（Kil）等的研究为例，他们以美国佛罗里达的国家风景步道为研究对象，揭示了环境态度对基于自然动机的游客行为的正面影响。这表明，热爱大自然的徒步旅行者更可能产生生态友好的动机和行为。

范钧等从地方理论的角度出发，将地方依恋分为地方依赖和地方认同两个方面，研究发现，无论是地方依赖还是地方认同，都能直接推动游客采取环保负责任的行为；黄涛等研究表明，游客的依恋情感在他们的满意度和环保行为意向之间起到中介作用；李文明等在研究观鸟游客时发现，他们的地方依恋情感可以显著推动他们的环境责任态度，其中自然共鸣起到了桥梁的作用；赵黎明的研究发现，游客的低碳旅游态度能够显著影响其一般低碳旅游行为。张婷等研究揭示，感知的价值能够直观地推动游客对当地的依恋，从而有助于他们更好地进行环保行为；李文明等以环境关心为自变量，地方依恋为中介变量，游客环境责任行为为因变量，选择南京夫子庙为案例研究地进行实证分析，研究表明地方依恋与游客环境责任行为呈正相关关系。其他情感方面，已有研究表明，在山岳型景区、生态旅游中，敬畏感的激发可以正向影响游客环境责任行为；旅游体验中产生的自豪感正向影响游客环境责任行为意向，对环境责任行为的驱动力较强，能够将高度的情感能量转化为具体的文化传播行为；怀旧情感不但能够对地方依恋、主观幸福感等情感有积极影响，还会显著影响游客的环境责任行为。

3. 人口统计特征

社会人口统计特征一般包括性别、年龄、受教育程度、经济收入及工作等影响因素。它们通常直接或间接与其他变量共同影响人们的环境行为。性别作为最早被学者们纳入研究的人口统计变量，在对环境责任行为的影响研究中存在较大差异。部分研究也已证实环境行为与性别和年龄有显著的关系，如斯洛文尼亚社会科学家多尔尼卡（Dolnicar）等研究揭示，男性在环境责任行为上的意向相对较强。不过，斯洛文尼亚社会科学家多尔尼卡等的一项针对1000名澳大利亚旅行者的调查显示，年长者和女性在环保行为上常常展现出更积极的倾向。尽管社会人口统计因素如何具体影响环境责任行为尚存争议，但它们与这种行为的密切关联性是不容忽视的事实。

国内研究中，杨智、高静、赵宗金等学者都在研究中证明了女性在日常生活或旅游中实施具有保护环境特征行为的概率比男性更大。此外，贾衍菊等的进一步探索表明，游客的年龄与其环境责任行为之间存在显著的正向关联。具体来说，年长的游客更加关注个人行为对旅游目的地或景区生态环境的潜在影响，并因此更倾向于采取积极的环境保护措施。

二、外部影响因素

1. 个人规范

以色列心理学教授施瓦茨（Schwartz）认为个体应当理解自己在社会背景下的行为和态度，因为他们不仅是理智的人，更是社交的一分子，所以应当遵循社会环境中的道德标准，使社会规范在个人的思考和行动中被"融入"，从而塑造个人的行为准则。韩国学者韩熙燮（Han）等研究发现游客在旅游过程中会遵循亲友的意愿倾向于选择入住绿色酒店，此外，韩国学者韩熙燮（Han）等研究发现游客在旅游过程中会遵循亲友的意愿倾向于选择入住绿色酒店，韩熙燮（Han）还证实社会规范对游客环境责任会通过形成的个人规范的介导作用来实现。黄涛等研究发现主观规范对游客实施环境责任行为具有显著正向影响。张琼锐等、田泽民等也得出了相同的结论。

2. 环境因素

美国心理学家斯特恩（Stern）等的研究揭示了环境条件在驱动或抑制个人环保行为方面的显著影响。后续荷兰环境心理学家斯特格（Steg）等进一步阐述了环境因素对环保责任感的四种影响途径：首先，环境可以直接推动环保行动；其次，它能通过影响个人的态度、信念、情感等心理状态间接影响行为；再次，环境条件能够调整个体心理与环保行为之间的相互作用；最后，环境因素也决定了各种社会心理因素在影响环保责任行为上的力度差异。国内研究者常借鉴斯特格（Steg）等提出的理论，来探索环境背景如何影响环境责任感。潘丽丽将景区环境细分为五个关键要素，结果显示这些因素都能积极影响游客的环保行为，而且影响力度各不相同。黄粹等的研究指出，景区的特定情境显著地影响了公众对环境行为的态度。此外，孔艺丹等的研究发现，乡村景观的认知对游客的环保行为起主要推动作用，其中满意度在这一过程中扮演了部分介导的角色。

此外，程卫进等研究发现旅游地社会责任在发展过程中会产生促使游客发生环境积极行为的现象；陈阁芝等研究发现旅游地支持可以直接影响游客的环境责任行为；何学欢等研究发现高感知服务质量对游客满意和游客环境责任行为的影响更强。

总之，在游客环境责任行为影响因素的研究中，国内外的研究逻辑存在较大差异。国外学者倾向于研究将现有理论成果应用到具体行为实践中，而国内学者则注重进行具体实践的研究，并总结出其共性，从而构建具备普适性的理论框架，这是由于国内外社会文化背景和理论发展历程不同造成的差异。综合来看，对游客环境责任行为的研究在研究方法上更多地采用定量研究，定性研究相对欠缺；在研究内容上由于相似概念较多导致研究较为分散，难以形成系统化研究；在理论基础上，近些年呈现出通过整合多理论进而构建研究模型的发展趋势，这种模型相较早期模型更具解释力和适配性。

第三章　游客环境责任行为的影响因素

本章主要通过扎根理论来探讨游客环境责任行为的维度构成和影响因素，以便更深刻地了解环境责任行为的内涵与作用机制，为后续研究提供理论框架与研究依据。本章基于国内外研究成果，通过收集网络游记、新闻报道，运用扎根理论的方法对文本资料进行归纳与分析，提炼出核心概念与思想，在整个过程中，持续进行文献收集与补充工作，直至达到理论饱和。

第一节　资料收集

一、资料来源

本章的文本资料以各种平台发表的游记为主，以相关新闻报道为辅，围绕"游客环境责任行为"这一主题，以"环境责任行为""环保行为""保护环境""捡垃圾""破坏环境""低碳行为""绿色出行方式"等为关键词搜索，共筛选出 3160 篇游记、24 篇新闻报道。遵循严谨、全面原则，通过仔细阅读和反复斟酌，筛选不符合研究主题和内容不完整的，随后从余下的游记与报道中随机抽取 132 篇作为原始文本资料，共计 27 546 字。

二、资料分析方法

将所得原始文本资料通过扎根理论的方法进行分析研究，扎根理论是从原始资料中归纳出经验概念，进而建构新理论的自下而上的过程。在实际操作中主要包括三个步骤。第一，搜集资料，本书的原始资料来自于各旅游网站的游记和相关新闻报道；第二，三级编码分析过程，包括开放式编码、主轴编码和选择性编码三个步骤，即通过将原始文本资料概念化、范畴化，从中提炼出主范畴，从而进一步提炼出核心范畴并找到各范畴间相互关系的过程；第三，建立理论，根据三级编码分析结果得出结论，建构本书的理论模型。其中最核心的步骤是三级编码分析，但它不是一蹴而就的，这是一个搜集资料—资料分析—资料补充—资料分析的循环反复过程，直至没有新的概念补充进来，达到理论饱和为止。

第二节　模型构建

一、开放式编码

开放式编码又称开放式登录，是扎根理论中三级编码提炼过程的第一步，是指通过对初始文本资料的语句进行逐词逐句分析，将其概念化、抽象化、提炼出初始范畴的过程。开放式编码的目的是将通俗易懂的文本抽象化，为后续范畴的提炼做准备。开放式编码的目的是将通俗易懂的语句通过抽象化定义、分类形成初始范畴。首先，将初始资料打散，再经过对比分析后赋予其概念化的标签；其次，对所得概念进行分类、筛选，同时比较概念之间的异同，归纳将相似的概念，形成概念丛；最后，对概念丛再次进行抽象化定义，形成初始范畴。本书秉持保持客观、贴合实际的原则对搜集的文本资料进行拆分、定义、对比、归纳，共提取 89 个概念，17 个初始范畴。概念化和范畴化过程如表 3-1 所示。

表3-1　环境责任行为开放式编码示例

游记资料原文	概念化	范畴化
作为人类的我们，应该好好保护大自然，这就是我们对大自然的感恩	a33 以保护行为回馈大自然	A1 回馈型
为维护景区环境我们从不乱扔垃圾，因为大自然的馈赠需要每一个人的珍惜	a87 珍惜大自然的馈赠	
大自然是包括人在内一切生物的摇篮，人应该以自然为根，尊重和保护自然	a88 大自然是一切生物的摇篮	

续表

游记资料原文	概念化	范畴化
骑行减少机动车尾气排放，保护环境，降低空气污染	a18 骑行降低空气污染	A2 约束型
在酒店节约用水用电，不使用一次性洗漱用品	a37 节水节电	
我们从不丢垃圾，环境保护从我做起	a51 自觉带走垃圾	
选择更加环保的酒店入住	a52 选择环保酒店	
积极响应国家号召，绿色出行	a53 响应国家绿色出行号召	
我本身就是一个比较注重环保的人	a58 注重环保	
我们都要做一个有素质的人，垃圾装袋放车里拉走	a59 有素质	
我们遵守景区规定，不乱扔垃圾	a62 遵守景区规定	
这场自驾游不仅是走近春天，也是做环保活动	a56 参加环保活动	A3 自愿型
我希望通过边旅游边捡垃圾，带动更多的人一起保护环境	a49 自愿捡垃圾	
顺手捡起海上漂流上岸的垃圾	a31 顺手捡垃圾	
志愿者们走进大自然，增强了保护生态环境的责任感	a24 自愿行为增强责任感	
这片绿色的家园不仅美化了环境，还给了我们一份环保体验	a23 通过环保行为美化环境	
在这里植树，可以美化环境，保护生态平衡	a20 植树美化环境	
看到他们乱扔垃圾，我会阻止他们	a46 阻止乱扔垃圾	A4 劝阻型
出行游玩时，我会劝家人选择绿色低碳方式	a89 劝说选择绿色出行	
在景区中看到有游客在树林里吸烟，我会劝阻	a90 劝阻游客隐患行为	
在此呼吁大家，请从我做起，喜欢潜水就别涂防晒霜了，这样做是对海洋环境的严重破坏	a73 潜水不涂防晒霜	A5 呼吁型
在川藏线上，遇到这种情况，我都会发个朋友圈呼吁一下	a71 朋友圈呼吁	
希望游客都文明旅游，提高环保意识，不随意丢弃垃圾	a69 提倡文明旅游	
他们边旅游边捡拾垃圾，用实际行动倡导爱护环境	a68 以实际行动倡导环保	
在旅游过程中，我们应该提倡并实施环保行为	a64 倡导环保行为	
请前往游玩的游客自觉把垃圾收好带走	a61 垃圾收好带走	
要保护自然，我们应该从自己做起，从生活中的点滴做起	a40 从点滴做起	
我希望大家能做一个负责任的旅行者，文明出行	a4 倡导负责任旅行	
希望滑雪的高手们把喝完的饮料瓶带走或放入垃圾箱中	a36 希望垃圾入桶	
为了避免污染环境，还是文明如厕的好	a35 文明如厕	
营地生态环境保护得很好，游客前往游玩一定要爱护环境哦	a32 前往游客应爱护环境	
呵护绿色地球，坚持环境友好实践	a1 呵护地球	

游记资料原文	概念化	范畴化
看到我们的宣传活动，路过的游客不怕脏帮我们将一袋袋垃圾带回格尔木；有主动意识带上塑料袋把垃圾带走	a77 行为感染	A6 环保宣传
日常捡垃圾，垃圾分类，景区宣传和义卖	a76 宣传	
垃圾分类我们宣传得不够	a70 垃圾分类宣传教育缺失	
在野生动物园，通过科普教育宣传了解动物、保护动物、保护自然环境，从而改善生态环境	a55 科普教育宣传	
远处的山峦被映得格外婉约，仿佛梦幻般的仙境，简直不虚此行	a7 环境不错	A7 环境质量
这里青山环绕，绿树葱茏，静谧与舒适，自然原生态，是名副其实的天然氧吧，是令人向往的世外仙境	a44 天然氧吧	
周围碧绿的山峦起伏，山峰耸立，天穹湛蓝如洗，云卷云舒，气候清凉宜人	a15 景色优美，气候适宜	
它覆盖茂密的亚热带森林，是纯绿色生态环境	a13 纯绿色生态环境	
每完成一个步骤，我们都感到无比自豪和满足	a21 对保护环境感到自豪	A8 行为反馈
长兴岛植树传达的是责任、成就感，告诉我们要爱护自然	a9 责任、成就感	
看到景区工作人员爬山捡垃圾，为自己刚才丢掉的矿泉水瓶感到愧疚，以后应该注意保护环境	a80 破坏环境产生愧疚	
使游客了解布草回收项目带来的环境效益、减碳效果	a11 了解回收项目环境效益	A9 环境教育
游览中有湿地保护专家沿途介绍湿地保护知识	a25 湿地保护知识学习	
博物馆展现湿地之美，普及湿地知识	a63 培养孩子热爱保护自然	
培养孩子从小热爱自然，保护自然	a66 环保教育	
大家在游览青山绿水时，也了解了保护环境的重要性	a8 了解环保重要性	
在现代社会，越来越多的人开始关注健康和环保	a19 越来越多的人关注环保	A10 环境意识
并不是每个人都那么自觉，总有一些人将垃圾留下	a50 缺乏环保自觉性	
我觉得大家都应该有保护大自然的意识，这样我们才可以继续拥有现在所看到的美丽景色	a67 保护大自然的意识	
我们应该采取绿色生活方式，将环保融入生活	a72 绿色环保生活方式	
天色灰蒙蒙的，看来多少还是有点大气污染	a38 大气污染	
环境被污染后，我们在野外不能饮用天然水源，塑料垃圾不可降解，会影响城市饮用水，动物误食垃圾甚至会死亡	a47 垃圾危害	

续表

游记资料原文	概念化	范畴化
以其庞大的原始自然景观呈现于世人，令人震惊、赞叹不已	a16 自然景观令人震惊与赞叹	A11 环境情感激发
天地一体，仿佛站在湖边的我，也丧失了自我	a34 丧失自我	
这样的旅游氛围和环境让游客心里舒服，有归属感和认同感	a39 归属感和认同感	
面对这片美丽而富饶的土地，我由衷地感到满腔的自豪	a42 自豪	
这里充满了吸引力，还没有离开的时候就萌发依恋之感	a43 依恋	
大自然赋予的美景，心生欣赏之余还有敬畏，告诉我们以后还想看，请好好保护环境	a45 敬畏	
嘎环线是我走过的最美徒步路线之一，这样被破坏太可惜	a48 惋惜	
圆觉洞景区自然风光优美，给人以心灵的宁静和净化	a12 环境优美净化心灵	A12 环境体验
空幽而静谧的它，让人心神得以平静，浮躁和烦闷都被抚平	a14 忘却烦恼，产生愉悦	
以其广袤的原始森林和茂密植被覆盖的层峦叠嶂、连绵起伏的山川景色让人流连忘返	a17 优美环境令人不舍离去	
这里宁静与安详的画面，竟然让我们忘却了跋涉的劳累	a41 舒缓身心疲累	
山间的垃圾影响了游玩的心情	a65 垃圾破坏心情	
蜈支洲岛的多项环保举措赢得了游客的认同与喜爱	a30 游客认同景区环保措施	A13 环境态度
最恨那些乱丢垃圾的人	a79 讨厌乱扔垃圾	
我们都支持保护环境的行为	a81 支持保护环境	
我们每个人都应尽一份力，让地球变得更加美好	a22 每个人都应尽力使地球变得更加美好	A14 环境责任感
草原自驾车里备足垃圾袋保护环境人人有责	a60 保护环境人人有责	
我们要响应国家环保呼吁，践行环境社会责任，保护生态	a82 践行环境社会责任	
地球是我们共同的家园，我们肩负保护好它的责任与义务	a83 肩负责任与义务	
酒店业可持续发展战略实施，对保护环境的影响不容忽视	a10 酒店影响环境保护	A15 旅游地行为示范
通过环保措施，酒店致力于减小其运营对环境的影响	a2 减小运营对环境的影响	
蜈支洲岛建设垃圾分类场；使用可降解的环保包装；定期进行海洋垃圾清理、环境维护等工作	a26 景区完善基础设施	
蜈支洲岛在保护海洋资源及生态环境的基础上进行开发景区为保护海洋生态环境，暂不开通部分步行游览线路	a27 景区保护开发	

续表

游记资料原文	概念化	范畴化
在蜈支洲岛的带动下，前来旅行的游客们也积极维护环境	a28 景区带动游客维护环境	A15 旅游地行为示范
旅游区谨守原则，下潜前会向游客告知潜水环保注意事项 景区旅游规范约束了大部分游客的行为	a29 景区环保注意事项	
酒店紧跟全球绿色趋势，为旅游宾客推出环境友好的体验	a3 酒店紧跟全球绿色趋势	
美好农场致力于助推绿色农业发展、关注环境保护	a5 旅游企业关注环境保护	
当地生活方式环保，你会感受到他们在环保方面所做的努力	a6 旅游地提倡环保理念	
岛上的旅游业由当地居民把持，管理混乱，卫生环境堪忧	a75 地方管理缺失	A16 政府规范
当地对于环境的保护力度很大，没有工业污染	a54 当地环境保护力度大	
为了保护公路沿线的生态环境，淳开公路工程在设计时就制定了环境保护、水土保持方案和景观环境设计方案	a57 环境开发保护措施	
到处都能看到张贴的环保标语，时刻提示我们保护环境	a85 张贴环保标语	
大家都自觉遵守景区规定，不乱扔垃圾，就算有人想把垃圾丢在路边，也会因为顾忌别人而一直拿着直到找到垃圾桶	a78 群体压力	A17 群体规范
导游在进入景区前和大家约定不实施破坏景区环境的行为	a84 群体约定	
在同游过程中，我们会相互监督，不乱扔垃圾，不破坏环境	a86 相互监督	

二、主轴编码

主轴编码是通过归纳与演绎，在进行不断比较后将初始范畴链接在一起的复杂过程。在这个过程中，每次只能对一个范畴展开分析，发现各个范畴之间的联系，从而合并相似范畴以提炼出主范畴。这一阶段的主要任务就是构建主范畴的内容，同时在主范畴与初始范畴之间建立联系，形成新的数据框架。编码过程可以看作一个漏斗，初始范畴范围较为宽泛，因此通过回归原文资料并进行深入分析，提炼出主范畴，比较其与初始范畴之间的关联，发现并建立二者之间的关系。本书将"环境责任行为"的 11 个初始范畴梳理为两大主范畴。主轴编码过程如表 3-2 所示。

表3-2　主轴编码过程

主范畴	初始范畴
游客环境责任行为	A1 回馈型游客环境责任行为
	A2 约束型游客环境责任行为
	A3 自愿型游客环境责任行为
	A4 劝阻型游客环境责任行为
	A5 呼吁型游客环境责任行为
影响因素	认知因素：A6，A9
	环境因素：A10，A13，A14
	结果因素：A8
	态度因素：A7，A12
	情感因素：A15，A16，A17
	社会因素：A11

三、选择性编码

选择性编码是指继续通过不断比较的方法从主范畴中确定一个具备主导意义的核心范畴，并建立起其与各主范畴之间的联系，并对发展不成熟、不完整的范畴进行补充完善。核心范畴的提炼应该遵循与其他范畴相关联且关联内容丰富、多次出现、易形成理论的原则。本书经过对范畴进行提炼、分析、整合得到核心范畴游客环境责任行为，并构建游客环境责任行为构成维度与影响因素的理论模型，如图 3-1 所示。

四、理论饱和度检验

首先以"环境责任行为""环保行为""低碳行为""绿色出行""保护环境"等为关键词在各个旅游网站搜索相关游记，然后利用扎根理论进行饱和度检验，以验证是否需要对范畴进行补充完善。经过分析，未出现模型内范畴之外新的概念或范畴，因此，可以说明游客环境责任行为维度构成和影响因素的模型在理论上达到饱和。

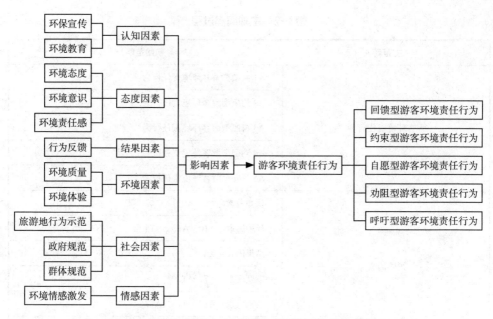

图3-1　游客环境责任行为的维度构成和影响因素模型

第三节　模型阐释

本书通过扎根理论的三级编码对原始资料进行分析发现，游客环境责任行为的影响因素主要包括认知因素、态度因素、后果因素、环境因素、社会因素和情感因素；游客环境责任行为可以划分为回馈型游客环境责任行为、约束型游客环境责任行为、自愿型游客环境责任行为、劝阻型游客环境责任行为、呼吁型游客环境责任行为五个维度。

一、游客环境责任行为的影响因素

研究发现，游客环境责任行为的影响因素有认知因素、环境因素、结果因素、态度因素、情感因素、社会因素，其中，社会因素和态度因素为主要影响因素。

1. 认知因素

认知因素包括环境教育、环保宣传两个因素。环境教育是指游客在学习、工作和生活中受到关于环境的教育，从而获得环保知识与经验。例如"游览中有湿地保护专家沿途介绍湿地保护知识"（a25）、"博物馆展现湿地之美，普及湿地知识"（a63）、"培养孩子从小热爱自然，保护自然"（a66）、"使游客了解布草回收项目带来的环境效益、减碳效果"（a11）。已有研究证明了环境教育对环境责任行为存在影响作用，如朱宇巍研究发现环境教育能够显著影响游客友好环境行为，夏凌云等发现游客受到的环境教育越多，实施环境责任行为的可能性越大。环保宣传是指国家、地方政府、旅游景区等为了提高游客环保意识而做出的针对环境保护的宣传工作，有利于激发游客的环境责任行为，例如"在野生动物园，通过科普教育宣传了解动物、保护动物、保护自然环境，从而改善生态环境"（a55）、"垃圾分类我们宣传得不够"（a70）、"日常捡垃圾，垃圾分类，景区宣传和义卖"（a76）、"看到我们的宣传活动，路过的游客不怕脏帮我们将一袋袋垃圾带回格尔木；有主动意识带上塑料袋把垃圾带走"（a77）。贺小荣等基于酒店特定空间情景的研究表明，绿色宣传能够显著影响个体的亲环境行为。游客环保知识的储备、受到的环保教育程度等都会对其环境责任行为产生影响，也就是说，了解的环保知识和受到的环保教育越多，就越可能产生环境责任行为。这一结论与王建华等的研究一致，他们通过研究证明了环境认知的各维度直接或间接地影响环境责任行为。

2. 环境因素

环境因素主要包括环境质量评价、环境体验，环境质量是影响游客行为、衡量游客满意度的重要因素。例如，"远处的山峦被映得格外婉约，仿佛梦幻般的仙境，简直不虚此行"（a7）、"它覆盖茂密的亚热带森林，是纯绿色生态环境"（a13）、"周围碧绿的山峦起伏，山峰耸立，天穹湛蓝如洗，云卷云舒，气候清凉宜人"（a15）、"这里青山环绕，绿树葱茏，静谧与舒适，自然原生态，是名副其实的天然氧吧，是令人向往的世外仙境"（a44）。环境质量好的景区更容易使游客产生保护心理以使其维持现状，徐洪等发现景区环境质量是影响游客亲环境行为的重要因素之一，王晓宇发现自然环境影响中低频次破坏环境行为。环境体验是游客对景区环境质量最直观的感受，如"圆觉洞景区自然风光优美，给人以心灵的宁静和净化"（a12）、"空幽而静谧的它，让人心神得以平静，浮躁和烦闷都被抚平"（a14）、"以其广袤的原始森林和茂密植被覆盖的层峦叠嶂、连绵起伏的山川景色让人流连忘返"（a17）、"这里宁静与安详的画面，竟然让我们忘却了跋涉的劳累"（a41）。正面的环境质量评价与环境体验能够使游客产生保护环境的意愿。罗红将环境体验归纳为旅游体验的一部分，验证了旅游体验对游客亲环境行为的正向影响作用。

3. 结果因素

结果因素包括行为反馈，即游客通过实施环境责任行为获得的心理或情感的反馈。例如"长兴岛植树传达的是责任、成就感，告诉我们要爱护自然"（a9）、"每完成一个步骤，我们都感到无比自豪和满足"（a21）、"看到景区工作人员爬山捡垃圾，为自己刚才丢掉的矿泉水瓶感到愧疚，以后应该注意保护环境"（a80）。当环境责任行为的实施为游客带来积极情感和正面体验时，就会强化这种行为。根据溢出效应理论，当游客实施环境责任行为，不仅达到保护环境的效果，而且其自身会产生满足、自豪等积极情绪，进而再次促使其实施环境保护行为，这与王静、刘建一等关于亲环境行为溢出效应的部分结论保持一致；当由于未实施环境行为或实施不到位而产生不安、愧疚等消极情绪时，会刺激游客进行反思，促使其产生环境保护行为。

4. 态度因素

态度因素包括环境态度、环境责任感、环境意识三个因素，环境态度是游客基于个人价值观的对待环保的基本观点。例如"蜈支洲岛的多项环保举措赢得了游客的认同与喜爱"（a30）、"最恨那些乱丢垃圾的人"（a79）、"我们都支持保护环境的行为"（a81）。它是影响游客环境责任行为的重要因素。环境责任感是游客实施环境责任行为的重要前因与动因，如"我们每个人都应尽一份力，让地球变得更加美好"（a22）、"草原自驾车里备足垃圾袋保护环境人人有责"（a60）、"我们要响应国家环保呼吁，践行环境社会责任，保护生态"（a82）、"地球是我们共同的家园，我们肩负保护好它的责任与义务"（a83）。环境意识是指人们为保护生态环境而不断调整自身行为的自觉性程度，如"在现代社会，越来越多的人开始关注健康和环保"（a19）、"环境被污染后，我们在野外不能饮用天然水源，塑料垃圾不可降解，会影响城市饮用水，动物误食垃圾甚至会死亡"（a47）、

"并不是每个人都那么自觉，总有一些人将垃圾留下"（a50）、"我觉得大家都应该有保护大自然的意识，这样我们才可以继续拥有现在所看到的美丽景色"（a67）、"我们应该采取绿色生活方式，将环保融入生活"（a72）。曾瑜皙等证明在感知质量的中介作用下，环境意识对环境责任行为的影响更加强烈。根据计划行为理论，态度是影响行为意图的主要因素之一，而行为意图又对行为起决定作用。已有研究证明态度因素是影响游客环境责任行为的主要因素，能够正向影响游客的环境责任行为。

5. 情感因素

情感因素包括环境情感激发，环境情感激发是指游客在面对大自然时产生的敬畏、自豪、惋惜等一系列情感，如"这样的旅游氛围和环境让游客心里舒服，有归属感和认同感"（a39）、"面对这片美丽而富饶的土地，我由衷地感到满腔的自豪"（a42）、"这里充满了吸引力，还没有离开的时候就萌发依恋之感"（a43）、"大自然赋予的美景，心生欣赏之余还有敬畏，告诉我们以后还想看，请好好保护环境"（a45）、"嘎环线是我走过的最美徒步路线之一，这样被破坏太可惜了"（a48）。在旅途中，当游客面对所处环境产生快乐、自豪、敬畏等积极情绪时，出于强化或维持情感的目的，会自觉实施环境责任行为；而当游客产生惋惜、内疚、罪恶感等消极情绪时，出于补救心理或弱化情感的目的，同样会主动实施保护环境的行为。相比而言，积极情感对环境责任行为的作用明显大于消极情感。

6. 社会因素

社会因素主要包括旅游地行为示范、政府规范、群体规范三个因素。旅游地行为示范是指旅游目的地的酒店、景区、居民等相关利益体通过实施环境保护行为从而起到带动游客环保的作用，如"酒店紧跟全球绿色趋势，为旅游宾客推出环境友好的体验"（a3）、"当地生活方式环保，你会感受到他们在环保方面所做的努力"（a6）、"蜈支洲岛建设垃圾分类场；使用可降解的环保包装；定期进行海洋垃圾清理、环境维护等工作"（a26）、"景区为保护海洋生态环境，暂不开通部分步行游览线路"（a27）、"景区旅游规范约束了大部分游客的行为"（a29）。旅游地的支持能够直接促进游客环境责任行为。政府规范是指地方政府通过出台政策法规、在城市管理过程中实施环保措施等行为保护旅游地环境，从而对游客环境责任行为的产生起到规范与促进作用，如"当地对于环境的保护力度很大，没有工业污染"（a54）、"为了保护公路沿线的生态环境，淳开公路工程在设计时就制定了环境保护、水土保持方案和景观环境设计方案"（a57）、"到处都能看到张贴的环保标语，时刻提示我们保护环境"（a85）。群体规范是群体成员公认的约定俗成的行为规则和对成员的期望标准，如"大家都自觉遵守景区规定，不乱扔垃圾，就算有人想把垃圾丢在路边，也会因为顾忌别人而一直拿着直到找到垃圾桶"（a78）、"导游在进入景区前和大家约定不实施破坏景区环境的行为"（a84）、"在同游过程中，我们会相互监督，不乱扔垃圾，不破坏环境"（a86）。群体规范会产生群体压力进而促进游客的环境责任行为。

二、游客环境责任行为的维度构成

1. 回馈型游客环境责任行为

回馈型游客环境责任行为是指游客由于在旅游过程中获得大自然带来的身体、情感、心理等方面的好处，出于回馈或回报大自然的目的，采取环保行为以维护大自然的生态，如"作为人类的我们，应该好好保护大自然，这就是我们对大自然的感恩"（a33）、"为维护景区环境我们从不乱扔垃圾，因为大自然的馈赠需要每一个人的珍惜"（a87）、"大自然是包括人在内一切生物的摇篮，人应该以自然为根，尊重和保护自然"（a88）等。

基于生态平衡理论的观点，生态系统的能量和物质的输入与输出是平衡的，大自然为人类提供赖以生存的资源与能量，那么人类就拥有环境回馈义务，人类对自然回馈是保持生态平衡的要求。环境回馈行为以生态价值观为基础，旨在维护生态平衡、促进人与自然和谐共处。

2. 约束型游客环境责任行为

约束型游客环境责任行为是指游客由于个人道德、社会、群体等方面规范的限制，对个人行为进行约束，进而产生保护环境的行为，包括自觉把垃圾带走、选择绿色交通工具、节水节电、遵守景区规定等自觉环保行为，如"我们从不丢垃圾，环境保护从我做起"（a51）、"我们都要做一个有素质的人，垃圾装袋放车里拉走"（a59）、"我们遵守景区规定，不乱扔垃圾"（a62）、"选择更加环保的酒店入住"（a52）、"积极响应国家号召，绿色出行"（a53）等。

根据规范激活理论，个人规范和社会义务是影响个体行动的重要因素，人们在社会生活中会将外部规范内化为个人的道德规范、社会义务甚至价值观，从而产生责任感，约束个人行为。若违反个体规范和社会义务，不仅会受到惩罚，也会受到内心道德的谴责，因此，游客为了遵守内外部规范，会约束自身行为，自觉保护环境。

3. 自愿型游客环境责任行为

自愿型游客环境责任行为是指游客具备环境道德素质，出于个人意愿或习惯在旅途中实施的环境保护行为或志愿参与的环保活动，包括自觉养成良好的环保习惯、参加植树活动和登山捡垃圾等志愿活动，如"顺手捡起海上漂流上岸的垃圾"（a31）、"在这里植树，可以美化环境，保护生态平衡"（a20）、"志愿者们走进大自然，增强了保护生态环境的责任感"（a24）、"我希望通过边旅游边捡垃圾，带动更多的人一起保护环境"（a49）、"这场自驾游不仅是走进春天，也是做环保活动"（a56）等。

计划行为理论认为，态度、主观规范和自觉行为控制是影响行为意愿和实际行动的主要因素。一个人的对环境保护的态度越正向，对自身的规范性越高，实施环保行为的意向就越强烈，实施环境责任行为的可能性就越大。当一个人将实施环境责任行为内化为个人的习惯和态度，那么就会更强烈地感受到自己实施环境责任行为的能力和难易程度，因此，更加愿意实施环境责任行为、参与各种环保活动。

4. 劝阻型游客环境责任行为

劝阻型游客环境责任行为是指游客在游玩途中，为维护各方面规范和环境质量，劝说、制止他人破坏环境的行为，包括阻止他人乱扔垃圾、制止在树林里抽烟等，如"看到他们随地扔垃圾，我会阻止他们"（a46）、"出行游玩时，我会劝家人选择绿色低碳方式"（a89）、"在景区中看到有游客在树林里吸烟，我会劝阻"（a90）等。每一个游客都是整个社会的一部分，都必须遵守社会中的正式或非正式规则，当遵守规则内化为个人行为规范就会产生规则维护意识，因此，当游客在旅途中看到乱扔垃圾、随意踩踏草木等破坏环境的行为时，就会实施劝阻行为。

5. 呼吁型游客环境责任行为

呼吁型游客环境责任行为是指游客出于保护环境的目的，向景区游客、周围人群甚至社会发出的关于以实际行动维护环境的行为，包括在朋友圈或当面宣传环保的重要性以号召朋友保护环境、在博客游记中进行环保呼吁等行为，如"呵护绿色地球，坚持环境友好实践"（a1）、"我希望大家能做一个负责任的旅行者，文明出行"（a4）、"希望滑雪的高手们把喝完的饮料瓶带走或放入垃圾箱中"（a36）、"希望游客都文明旅游，提高环保意识，不随意丢弃垃圾"（a69）、"在此呼吁大家，请从我做起，喜欢潜水就别涂防晒霜了，这样做是对海洋环境的严重破坏"（a73）等。

根据社会认同理论，人作为群居生物，会将集体融入自我观念，生存活动会受到集体观念的影响。因此，当环保被越来越多的人所提倡和呼吁，环保理念就会成为群体观念，身处群体中的个体就会将其转化为个人价值观和规范，从而激发其实施与提倡环境责任行为，最后成为集体中的一部分进一步影响他人。

综上，本书通过扎根分析的研究方法，基于行为动机视角将游客环境责任行为划分为五个维度：回馈型游客环境责任行为、约束型游客环境责任行为、自愿型游客环境责任行为、劝阻型游客环境责任行为、呼吁型游客环境责任行为。国际上，李宗鸿等学者最早基于东方旅游情境对环境责任行为的维度划分与测量进行探索性研究，他们将环境责任行为划分为身体力行行为、财务行为、说服行为、公民行为、亲环境行为、可持续行为和环境友好型行为七个维度。其中，身体力行行为、财务行为、说服行为、公民行为为一般情境下的环境责任行为，亲环境行为、可持续行为和环境友好型行为为特定旅游情境下的环境责任行为。由于该研究是基于"一般—特殊情境"的视角进行维度划分，并不完全属于旅游情境，且旅游情境下的三个维度较为相似，因此其维度内涵与本书存在较大差异。

近年来，国内学者同样对中国背景下游客环境责任行为的维度进行了探索。邱宏亮通过扎根将游客环境责任行为划分为遵守型环保行为、消费型环保行为、节约型环保行为、促进型环保行为四个维度，其中，遵守型环保行为和节约型环保行为与本书的约束型游客环境责任行为内涵相似，都是通过遵守内外部规范而产生的环保行为，如"我们中间大多数人都不会随意乱扔垃圾"与"我们从不丢垃圾，环境保护从我做起"（a51）都表达了游客对自我进行约束的环保行为，其促进型环保行为与本书的劝阻型游客环境责任行为一致，都是指劝阻他人破坏环境、提倡环境保护的行为，如"提醒身边的伙伴不要乱扔垃圾"和"看到他们乱扔垃圾，我会阻止"（a46）都表示为对身边破坏环境行为的制止；但在文本内容上，其对环境责任行为的划分仅基于游客在旅途中实施的具体行为，而本书则对旅游后的呼吁行为也作出了补充。同时，陈薇等以网络游记为资料，通过扎根将游客环境责任行为划分为垃圾处理行为、资源保护行为、教育行为、节能减排节水行为、参与环保活动行为五个维度，其中，垃圾处理行为、资源保护行为和节能减排节水行为与约束型游客环境责任行为内涵相似，如"大家都自觉做到不抽烟，不随便扔垃圾、吐痰"和"我们都要做一个有素质的人，垃圾装袋放车里拉走"（a59）都表达了游客能够自觉做到保护环境，教育行为对应呼吁型游客环境责任行为，如"希望每个来此的游人：注意保护环境，爱护森林"和"请前往游玩的游客自觉把垃圾收好带走"（a61）都表达出对环保的倡议，而参与环保活动对应自愿型游客环境责任行为；不同的是，在划分视角上，陈薇等基于的是游客时空行为，而本书以游客行为动机作为划分标准。也有学者将游客群体进行细分来研究环境责任行为，如刘文图等从大学生旅游的视角，对大学生群体在旅游情境下的环境责任行为作了划分：文明型旅游环境责任行为、维护型旅游环境责任行为、贡献型旅游环境责任行为和推广型旅游环境责任行为，与本书的自愿型、约束型、劝阻型和呼吁型内涵一致，如"提醒我不要尝试对环境污染严重的水上娱乐项目"与"在景区中看到有游客在树林里吸烟，我会劝阻"（a90）都表示对破坏环境行为的规劝、"我有去做过土坑村的志愿者，主要带领游客参观并进行讲解"和"志愿者们走进大自然，增强了保护生态环境的责任感"（a24）都表示自愿参与环境保护的行为。但由于划分视角和标准不同，本书从环境回馈动机的角度对游客环境责任行为维度进行了补充，与其维度划分存在一定差异。

第四节　结论与启示

一、研究结论

本章研究紧紧围绕"游客环境责任行为"这一核心主题展开分析，通过搜集网络游记资料、新闻报道，利用扎根分析对原始文本资料进行开放式编码、主轴编码、选择性编码以及理论饱和度检验等操作后，最终得出以下结论：

第一，通过扎根分析的质性研究方法，构建出游客环境责任行为维度构成和影响因素理论模型。其中，游客环境责任行为的影响因素主要包括：认知因素、环境因素、结果因素、态度因素、情感因素、社会因素，以社会因素和态度因素为主要影响因素；游客在旅游时所实施的环境责任行为主要包括回馈型游客环境责任行为、约束型游客环境责任行为、自愿型游客环境责任行为、劝阻型游客环境责任行为、呼吁型游客环境责任行为五个维度。

第二，本章研究在搜集原始资料时发现与环境保护相关的游记较少，说明当下人们旅游仍注重个人体验，而未切实关注环境问题；同时，在搜集的资料中，有关劝阻他人破坏环境行为的记录缺乏，反而呼吁型、提倡型行为较多，这可能是受到中国传统文化"和为贵"的儒家价值观和面子观念的影响；在游记中，游客们相对于直观地表达自己对环保的态度，更多的是通过实际行动来践行自己的环保理念，这与中华民族内敛、含蓄的性格特征相符合。

二、管理启示

第一，景区应做到保护性开发、创造性开发，在提高经济效益的同时保护环境；加强对员工的环保培训教育，提高景区服务质量和环境管理水平，激发并增强游客对景区的情感；不断完善基础设施，采取环保措施带动游客保护景区环境，如增加垃圾桶数量、设置提示性标语等，提高游客环保意识；规范景区注意事项，落实管理制度，对内清除各种不安全隐患，对外规范游客不文明行为；因地制宜，开展特色环保活动，宣传环保知识，做好景区环保教育工作，增强游客的环保意识。

第二，政府应完善相关规定，严格限制地方对景区的过度开发行为，最大限度地保护景区原貌；组织开展或呼吁社会各界积极开展环保、宣传活动，使环保教育普及更多的人，充分提高人们的环境保护意识；出台相关政策，对环保企业给予一定补贴优惠，对特定环保行为给予物质性鼓励，对某些不环保的行为进行惩罚，如对不按照规定进行垃圾分类的人给予罚款等，使人们的环保行为内在化、自觉化。

第三，国家应更加重视环保宣传教育工作，加大投资力度，促进环保入农、环保入商、环保入学，在全国形成学习环保知识，开展环保行动的良好新风；开展或参加国际环保交流会，学习国外环保先进经验和技术，避免闭门造车；完善立法、严格落实，加大对环境违法行为的惩治力度，提高企业和个人的环保意识。

第四章 价值观对游客环境责任行为影响的元分析

在中国思想文化中，价值观对人的引导作用具有特色鲜明的伦理价值。人的价值观和环境系统具有天然的良性统一关系，健康的价值观念能够促进个人、社会与环境的可持续发展。基于人的主观能动性，这种耦合关系突出呈现在个体的心理与行为层面。具体而言，价值观能够给人提供一种精神指引，也会影响其日常行为，如亲社会行为、组织行为等方面。在价值—信念—规范理论的支撑下，价值观与环境责任行为的价值属性被进一步深化，人的价值观能够培育价值信念进而引导价值行为的产生。价值观又被视为维护社会稳定与和谐健康发展的重要因素之一，而环境责任行为彰显人与环境、社会的积极关系。虽然有研究将价值观作为前因变量探究其与游客环境责任行为之间的关系，研究发现当游客具有健康的生态、环境价值观时，他们会主动地倾向于参与到旅游地的环境责任活动中。在旅游活动中，旅游者参与环保活动可以提高其社会价值。但是，旅游者的价值观和他们的环保行为有没有明确的正向关联，游客的价值观与其环境责任行为之间的路径关系，是否受其他调节变量的影响等，尚未得到明确的答案。探索价值观与环境责任行为的相互关系是行为领域的前瞻性、基础性研究之一，为此，本书尝试采用元分析方法，进一步剖析价值观对环境责任行为的影响程度。

第一节　文献回顾

一、游客价值观

价值观是人在长期生活中形成的一种对事物、行为和生活意义的持久信念与态度。这种信念和态度不仅影响个体的行为模式，还反映了社会文化的传承和发展。从宏观层面来看，价值观是社会发展变迁和文化演变传承的重要描述和测量指标。不同的社会、不同的历史时期，人们的价值观也会有所不同。这些变化可以反映社会文化的变迁和发展趋势，为社会科学研究提供重要参考。从微观层面来看，价值观是决定个体行为的基本信念。一个人的价值观一旦形成，就会对其行为产生深远影响。这种影响不仅体现在日常生活的决策和行为中，还体现在个体对于道德、伦理等问题的看法和态度上。因此，价值观对于预测、解释和导向个体行为具有重要作用，在个人认知系统中处于核心地位。关于价值观的分类，不同的学者有不同的观点。美国心理学家洛特克（Rokeach）将价值观分为"终极价值观"和"工具价值观"两个类别。终极价值观是指想要达到的最终存在状态和目标，工具价值观则指为实现上述目标而采取的行动或手段。这种分类方式有助于更深入地理解价值观的内涵和作用。以色列学者沙洛姆·施瓦茨（Schwartz）则将人类的价值观主要分为"自我提高""自我超越""保守"等十个普遍价值观来进行研究，并对每一个分别进行定义。这种分类方式提供了一种更为全面地理解人类价值观的视角，有助于更好地认识不同文化、不同社会背景下的价值观差异。

当前学界对游客价值观概念的研究基本沿用价值观的基本概念。美国心理学家洛特克（Rokeach）等认为价值观是指导人们生活中的准则，当人们需要决策的时候，价值观会被激活并可能指导行为。日本学者日莲合上（Kamakura）等认为价值观决定了人的态度和行为。在旅游学领域，相关研究就更加关注游客的价值观念，认为具有高强度生态价值观的游客往往能形成较强的环境意识、积极的环境态度，在旅游过程中自觉、自发地实施环境责任行为。这种情形下，游客行为主要源自基于价值观的自我约束。由此可以看出，游客价值观的概念，综合了价值观与旅游之间的内核，核心指向价值观对行为的积极指导意义。

前期多数研究基本是借鉴价值观的量表，采用实证的方式对游客价值观进行测量，该量表包含价值观的慈善、遵从等多个维度。随着研究的深入，在旅游研究中完全参照价值观的理论逻辑的弊端逐渐显现，于是学者们开始根据旅游情境去建构游客价值观的理论框架。游客的环境价值观是其环境责任行为的重要引导因素，有学者研究验证了环境价值观可以促进游客环境责任行为；张玉玲等在探讨游客价值观对环保行为的影响时，提出生态价值观是对待自然和生物圈、生态系统的价值观念，反映对自然资源、生态环境重要性的总体评价和看法，强调游客生态价值观会影响环境态度、环境信念及其在旅游地的环境责任行为。黄涛提出了利他价值观对环境态度存在正向驱动作用。环境价值观、生态价值观、利他价值观都获得了相关实证研究的支持，可用于测量游客价值观。

深入对游客价值观的属性的理解，首先，明确游客价值观是个人心理层面的信念，这可以影响游客的环境意愿、环境态度等，这对于旅游业的持续健康稳定发展具有一定的社会意义。其次，游客价值观对游客的环境责任行为的影响，这些涉及了亲环境行为、环境友好行为等。在特定的旅游情境中，游客价值观会对行为产生怎样的影响，这种影响是否受其他因素调节而发生改变，还需要进一步探讨。

二、环境责任行为

环境责任行为（Environmentally Responsible Behavior）的概念最早来自环境心理学，源于人与环境的矛盾。目前，学者们对于环境负责任行为并没有严格统一的术语和定义。通过阅读相关文献可以看出，学者们在界定环境负责任行为时普遍认为，环境责任行为是可以与环境保护行为（Environmentally Conservation Behavior）、亲环境行为（Pro-Environmental Behavior）、环境友好行为（Environmentally Friendly Behavior）、可持续行为（Sustainable Behavior）等术语在一定程度上可以互换使用。从 20 世纪 70 年代开始提出环境责任行为（Environmentally Responsible Behavior）的概念，美国学者博登和谢蒂诺（Borden &

Schettino）将其定义为行为个体或群体为补救环境问题而采取的一系列举措。美国学者西韦克（Sivek）将环境行为（REB）定义为任何个人或团体，在针对环境问题进行补救的行为。台湾学者李宗鸿（Lee）等率先关注了旅游领域个体的环保行为，提出并将游客环境责任行为定义为旅游过程中的个体通过减少自然资源使用来实现环境的可持续利用。中国学者粟路军（Su）将游客环境负责行为视为游客在游览过程中所做出的有益于环境保护的行为。国内学者范钧等认为游客环境责任行为是游客为了保护景区环境所做的行为。贾衍菊等认为是游客为了帮助旅游地资源的实现可持续利用，促进目的地可持续发展目标所采取的一系列绿色行为。窦璐定义环境责任行为为人们减少环境破坏，促进生态环境的可持续行为。姚丽芬等将环境责任行为定义为游客在景区游览过程中做到的爱护旅游资源，保护当地自然、人文和身体环境的各种行为。张圆刚等认为环境责任行为是个体采取对环境相对有利的行为和减少对自然环境造成负面影响的行为，这些行为有助于提高旅游地环境质量，促进旅游地可持续发展。

事实上，上述关于游客环境责任行为的定义仅存在学科背景和理论视角的细微差异，所表达和传递的内涵相差无几，都强调实现环境危害的最小化和环境保护的最大化，从而实现可持续发展。因此，由于研究理论视角的不同，不同学者对游客环境责任行为的定义有所差异，但宏观上意义差别不大。本书借鉴上述学者的观点，认为环境责任行为是指人们保护环境、解决环境问题、维护环境可持续发展等系列行为，将"环境责任行为意愿""亲环境行为"和"环境责任行为"作为关键词进行文献汇集整理。

目前，国内外学者对游客环境责任行为的研究主要从概念、内涵、理论、影响因素和情境因素等方面进行了探讨。研究最广泛的是对游客环境责任的影响因素的探讨，本章主要对游客环境责任行为的影响因素的研究成果进行梳理。西班牙学者塞巴斯蒂安·班贝格（Bamberg）等通过理论分析，提出并验证了影响环保责任行为的八个因素，即问题意识、内在归因、社会规范、道德规范、内疚感、态度、感知的行为控制以及行为意向。美国学者阿尼尔·古普塔（Gupta A）等证实了个人价值观、态度和情境原因在生态敏感区的特定地点决定游客的环境责任行为，其中，游客的责任感、环境知识、环境敏感性、个人规范是支持游客环境责任行为的原因，而结构性约束、游客与目的地的目标冲突等则是阻碍游客实施环境责任行为的因素。意大利学者埃罗斯·斯塔皮特（Erose S）等考察了基于自然的难忘旅游体验、地方依恋与游客环境责任行为之间的关系。

近年来，国内不少学者从感性视角探索游客环境责任行为的形成机制，情感因素影响更为显著。其中，地方依恋的效用已经被学者广泛认同。也有学者认为积极情绪对其形成同样存在作用，如祁潇潇等以千山景区为案例地，验证了山岳旅游情境下敬畏情绪对环境责任行为的直接效应。余晓婷等发现景区环境质量和景区环境政策两个情境因素会直接影响游客环境行为。孙晶以南京梅花节为例，研究情境因素和游客涉入对游客环境责任行为的影响。程卫进等通过研究岳麓山风景区，发现游客的地方依恋和地方认同对其环境责任行为具有显著的正向影响。

第二节 研究设计

一、研究方法

元分析作为一种方法论，常用于特定主题的综述中，通过运用定量的统计逻辑来进一步梳理和整合已有的研究结果。该方法具有严密性、客观性和系统性的特征，旨在从更全面的视角出发，综合同一主题的不同实证研究，对现有研究结果进行比较和分析，从而衡量不同观点之间的差异，并得出更准确的结论。近年来，元分析方法被广泛应用于其他学科领域。已有研究者使用元分析方法对环境责任行为的影响因素进行总结，例如，张圆刚等发现游客的地方依恋、游憩涉入、态度、满意度、规范、知识和感知价值是最重要的若干因素与游客环境责任行为的关系密切，该研究奠定了国内环境责任行为影响因素基础。然而，鉴于行为产生的情感因素，已有的元分析研究结论并不能完全适用于特定的环境。因此，本书采用元分析方法，进一步对比和分析价值观因素对游客环境责任行为的影响程度，旨在探索两者之间的内在规律和联系。

二、研究过程

1. 文献检索

本书对中国期刊网（CNKI）和 Web of Science 数据库中 2016 年 1 月至 2024 年 4 月关于游客价值观和环境责任行为的文章进行搜索。在环境责任行为的检索中，笔者还使用了亲环境行为、环境友好行为、环境保护行为等相关检索词。此外，为了更全面地了解游客的价值观，笔者还搜索了与生态观和环境观相关的文章。筛选这些文献时，遵循四个标准：第一，研究主题必须关注游客价值观对其环境责任行为的影响；第二，研究方法必须为实证研究，排除了实验研究或准实验研究的文献；第三，研究中必须报告样本量和相关系数值，或者能够提供可转化为相关系数值的数据（如回归系数、路径系数等）；第四，研究文献的语言类型必须为中文或英文。经过严格的筛选和去除无数据支持的文献后，最终纳入了 29 篇文献进行元分析，并从中提取了 29 个效应量。

2. 变量选取

按照变量属性，将价值观因素作为自变量。主要涉及游客的环境观和各类积极情感价值观，如敬畏感、道德情绪、个人规范、价值取向（利他）等；同时，在此基础上确定调节变量，主要包括实证研究中的样本量和旅游目的地类型。

3. 进行编码

通过对本领域的文献进行全面检索，最终得到 29 篇用于本元分析的文献，需要将这些文献进行信息的编码，建立基础数据库，如表 4-1 所示。为避免主观性来保证客观性与合理性，文献编码由 2 位研究者分别进行。若出现不一致，则由 3 位研究者讨论解决。编码结果一致性较高（99%），建立 Excel 文档收集所需数据。数据主要包含的信息如下：文章发表时间；作者；相关系数值 r；样本量大小；其他调节变量（目的地类型）；自变量类型（游客价值观因素）。其中，由于不同文献的研究方法不尽相同，如针对部分文献报告出的回归系数值 β 等，需要利用公式转化为相关系数 r 值：

$$r = \beta \times 0.98 + 0.05 \quad (\beta \geqslant 0)$$

$$r = \beta \times 0.98 - 0.05 \quad (\beta < 0)$$

若文献中报告游客价值观各维度与环境责任行为各维度之间的相关系数，则利用如下公式对效应值进行合并：

$$r_{xy} = \frac{\sum r_{x_i y_i}}{\sqrt{m + m(m-1)\bar{r}_x}\sqrt{n + n(n-1)\bar{r}_y}}$$

式中，$r_{x_i y_i}$ 为游客价值观第 i 个维度与环境责任行为第 j 个维度的相关系数，m 为游客价值观各维度的个数，n 为环境责任行为各维度的个数，$\bar{r}_x$ 为游客价值观各维度间的相关系数的平均值，$\bar{r}_y$ 为环境责任行为各维度间的相关系数的平均值。

最后，特别值得注意的是，若在一篇文献中同时出现不同的效应值，则应针对不同的效应值进行单独编码。

表4-1 元分析编码示例

文章序号	作者	发表时间	样本量	相关系数值 r	旅游目的地类型
1	金红燕	2022	349	0.213	人文景观
2	唐铭	2021	258	0.591	自然景观
3	饶雪	2021	350	0.746	自然景观
4	杨亚芹	2024	386	0.224	自然景观
5	李秀清	2021	300	0.24	其他景观
6	叶钰琰	2022	364	0.36	自然景观
7	冯雪	2019	425	0.142	自然景观
8	谈天然	2020	376	0.726	自然景观
9	黄涛	2018	510	0.215	人文景观
10	罗胡赖	2019	549	0.298	自然景观
11	陈丽萍	2022	880	0.22	其他景观
12	陈阁芝	2023	467	0.281	人文景观
13	何青青	2023	308	0.592	其他景观
14	吉子晋	2021	618	0.276	其他景观
15	段正梁	2021	331	0.496	自然景观
16	张鹏亮	2022	318	0.54	自然景观
17	肖悦	2023	383	0.052	自然景观
18	段湘辉	2022	368	0.655	其他景观
19	王佳钰	2023	1065	0.198	其他景观
20	芦慧	2021	453	0.283	其他景观

文章序号	作者	发表时间	样本量	相关系数值 r	旅游目的地类型
21	Yechen Zhang	2024	335	0.216	自然景观
22	Thamaraiselvan	2015	510	0.615	其他景观
23	Xin Guan	2022	410	0.412	其他景观
24	Atieh	2022	544	0.12	其他景观
25	María A	2022	298	0.348	其他景观
26	Siti	2019	103	0.1	其他景观
27	Genovaite	2016	1011	0.206	其他景观
28	Min-Seong	2019	287	0.266	自然景观
29	Dori Davari	2024	429	0.484	其他景观

三、分析过程

本书运用 CMA 元分析软件进行数据分析，主要包括效应量、出版偏差分析、异质性检验等。

（1）效应量计算。编码工作结束，运用 CMA 软件进行综合效应值的计算。选用相关系数 r 作为本次元分析的效应值，将其转化为费舍 Z 值后使用加权平均法来计算汇总效应量。加权平均法是将每个研究的效应量按照其权重加权求和，从而得到整体的效应量。

（2）模型选择。元分析的核心模型主要分为固定效应模型和随机效应模型两大类。在选择模型时，主要依据纳入研究的样本多样性情况来判断。通常来说，随机效应模型因其适用性而被研究者广泛采用。因此，本书采用随机效应模型作为分析框架。

（3）异质性检验。在进行总效应和调节效应的计算之前，异质性检验是一个必不可少的步骤。它的主要作用是检测不同研究之间是否存在统计学上的显著差异。研究者们常常利用 Q 检验法（Cochran's Q）检验来鉴别异质性。具体而言，当检验得到的 P 值小于或等于 0.01 时，就可以认为存在异质性；反之，则意味着研究间存在同质性。此外，为了进一步量化异质性的程度，本书采用 I^2 指标进行测量，I^2 的值越高，代表异质性程度越大。

（4）出版偏倚分析。科研工作者更倾向发表研究结果显著的论文或在研究中选择对分析结果有利的指标进行报告，因此容易引起出版偏倚，这种偏差会导致所涉及的研究与实际情况之间存在一定误差，最终会影响元分析结果。本书采用元分析中较为常用的漏斗图与失安全系数值（FSN 值）检验方法，作为测试手段，对出版偏差进行检验。

第三节　研究结果

一、出版偏差检验

发表偏差又称系统误差，在研究中是不可避免的，只有正确报告出系统误差，才能使误差对元分析结果的影响减小。本书采用定性与定量的分析方法分析本次元分析的发表偏差，定性分析方法为漏斗图法，定量分析方法为失安全系数法（FSN 值）。

从图 4-1 中可以看出，漏斗图上的点基本围绕合并效应值（中间竖线）对称散开，可以初步判定研究不存在发表偏差。由于定性分析方法存在一定主观性，为使结果更直观，采用失安全系数法对发表偏差结果进行报告，失安全系数值（FSN 值）为 2994，远远高于临界值 155（5×29+10），因此，失安全系数法同样表明研究不存在出版偏差，后续分析的结果是可信的。

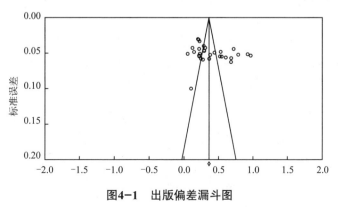

图4-1　出版偏差漏斗图

二、异质性检验

在元分析过程中，不同研究选取的样本量、采用的研究方法均存在差异，因而无法进行效应值合并，需要实施异质性检验。异质性检验结果决定了在进行主效应检验时采用何种效应模型，以此消除异质性对结果带来的影响。当异质性检验结果较小时，采用固定效应模型；当异质性检验结果较大时，采用随机效应模型。一般地，异质性检验有两种方法，一种为舍弃商法或科格伦 Q 检验；另一种是 meta 分析中定量衡量异质性的指标 I^2 检验。

Q 检验方法中，若 Q 值远远大于文档频率 df 值，则说明异质性较大；I^2 检验中，若 I^2 值大于 75%，则说明异质性很大，若 I^2 值大于 50%，小于 75%，则说明异质性较大，若 I^2 值小于 50%，则说明异质性较小。根据表 4-2 中的异质性检验结果可知，Q 值远大于文档频率 df 值，则说明本章研究的异质性较大，因此，在主效应检验的计算时选用随机效应模型的结果。另外，异质性检验结果还以为是否需要进行调节效应检验提供判断依据，若异质性较大，则需要进一步找相关情境因素解释在不同文献中针对同一变量的研究出现不一致的效应值的原因，即调节效应检验。

表4-2 异质性检验结果

Q 检验	文档频率 df	P 值	I^2 检验
681.771	29	0.000	95.893

三、主效应检验

根据表 4-2 中异质性检验较大的结果，本书选用随机效应模型进行主效应计算，选择最常见的相关系数 r 作为效应值，结果如表 4-3 所示。

表4-3 效应值检验

文章序号	作者	发表时间	效应值 r	95% 置信区间		双尾检验	
				置信下限	置信上限	统计量 Z	概率 P
1	金红燕	2022	0.213	0.110	0.311	4.024	0.000
2	唐铭	2021	0.591	0.505	0.665	10.846	0.000

续表

文章序号	作者	发表时间	效应值 r	95% 置信区间		双尾检验	
				置信下限	置信上限	统计量 Z	概率 P
3	饶雪	2021	0.746	0.696	0.789	17.955	0.000
4	杨亚芹	2024	0.224	0.127	0.317	4.459	0.000
5	李秀清	2021	0.24	0.130	0.344	4.218	0.000
6	叶钰琰	2022	0.36	0.267	0.446	7.161	0.000
7	冯雪	2019	0.142	0.048	0.234	2.937	0.003
8	谈天然	2020	0.726	0.674	0.771	17.772	0.000
9	黄涛	2018	0.215	0.131	0.296	4.918	0.000
10	罗胡赖	2019	0.298	0.220	0.372	7.181	0.000
11	陈丽萍	2022	0.22	0.156	0.282	6.623	0.000
12	陈阁芝	2023	0.281	0.195	0.362	6.220	0.000
13	何青青	2023	0.592	0.514	0.660	11.889	0.000
14	吉子晋	2021	0.276	0.202	0.347	7.027	0.000
15	段正梁	2021	0.496	0.410	0.573	9.852	0.000
16	张鹏亮	2022	0.54	0457	0.614	10.723	0.000
17	肖悦	2023	0.052	−0.048	0.151	1.015	0.310
18	段湘辉	2022	0.655	0.592	0.710	14.978	0.000
19	王佳钰	2023	0.198	0.140	0.255	6.539	0.000
20	芦慧	2021	0.283	0.196	0.366	6.172	0.000
21	Yechen Zhang	2024	0.216	0.111	0.316	3.999	0.000
22	Thamaraiselvan	2015	0.615	0.558	0.666	16.143	0.000
23	Xin Guan	2022	0.412	0.328	0.489	8.837	0.000
24	Atieh	2022	0.12	0.036	0.202	2.805	0.005
25	María A	2022	0.348	0.244	0.444	6.238	0.000
26	Siti	2019	0.1	−0.095	0.288	1.003	0.316
27	Genovaite	2016	0.206	0.146	0.264	6.635	0.000
28	Min-Seong	2019	0.266	0.155	0.370	4.593	0.000
29	Dori Davari	2024	0.484	0.408	0.553	10.902	0.000

29 篇文献中，27 篇游客价值观对游客的环境责任行为有显著影响，从表 4-4 的主效应检验结果可以看出，总效应量的效应值为 0.369（$P=$

0.000 <0.05）。按照雅各布·科恩（Jacob Cohen）的标准，如果一个效果值的绝对值低于 0.3，那么这个效果就是一个很弱的效果；如果这个效果的绝对值在 0.3～0.5，那么这个效果就是一个中等的效果；如果这个效果的绝对值在 0.5 以上，那就是一个很好的效果。因此，游客价值观对于环境责任行为具有中等程度的积极作用。

表4-4　主效应检验结果

模型	效应数	总效应量	95% 置信区间		双尾检验	
			下限	上限	Z 值	P 值
随机效应模型	29	0.369	0.292	0.440	8.832	0.000

四、调节效应检验

1. 样本量大小的调节效应

表 4-5 表明，无论样本量大小如何，游客价值观与其环境责任行为之间均存在显著影响。在双尾检验中，所有样本量的 P 值均小于 0.001，这显示了这种关系的稳健性和普适性。组间效应量为 0.329，且 P 值大于 0.05。这表明虽然不同样本量大小下游客价值观与其环境责任行为之间的关系均显著，但样本量大小本身并不显著影响这种关系的强度。在大样本的研究中，游客价值观与其环境责任行为之间的关系最大，相关系数为 0.377，这表现为中度正相关。这可能是由于大样本研究具有更高的统计效力，能够更准确地反映变量之间的关系。在小样本的研究中，虽然关系仍然显著，但相关系数略小，为 0.326。这可能是由于小样本研究的统计效力相对较低，导致关系强度的估计存在一定偏差。

表4-5　样本量大小的调节效应检验结果

样本量大小	效应数	效应值	95% 置信区间		双尾检验		组间效应
			下限	上限	Z 值	P 值	
大样本	25	0.377	0.292	0.437	8.062	0.000	Q=0.329
小样本	4	0.326	0.159	0.474	3.737	0.000	P=0.566

注：大样本为 300 以上，小样本为 300 以下。

2. 旅游目的地类型的调节效应

无论是哪种旅游目的地类型，游客价值观均对其环境责任行为产生显著影响。双尾检验中的 P 值均小于 0.001（P=0.000），这表明这种影响是非常显著的。这意味着游客的环境观、生态观和积极情感等因素在其做出环境责任行为决策时起到了重要作用。组间效应量为 8.014，且 P 值小于 0.05，这说明不同旅游目的地类型中游客价值观对其环境责任行为的影响大小存在显著差异。这表明旅游目的地类型对游客价值观与其环境责任行为之间的关系具有显著的调节效应。在自然景观类型的旅游目的地，游客价值观对其环境责任行为的影响关系最大，效应量为 0.415，属于中度相关。这可能是因为自然景观更容易激发游客的环保意识，使其更加重视环境保护和可持续发展。在其他类型的旅游目的地，游客价值观对其环境责任行为的影响关系为 0.355，属于中度相关。这表明在多种类型的旅游目的地，游客价值观对环境责任行为的影响是显著的。在人文景观类型的旅游目的地，游客价值观对其环境责任行为的影响关系最小，效应量为 0.238，属于低度相关。这可能是因为人文景观更多地关注历史、文化的弘扬与传承，较少强调环境保护和生态可持续性。

第四节　结论与启示

一、研究结论

本章依据价值—规范—行为理论模型，运用元分析方法，针对游客价值观及其环境责任行为，探讨了价值观因素对游客环境责任行为的影响程度及其样本量和目的地类型的调节效应，结论如下：①游客价值观中的环境观、生态观和积极情感因素均对其环境责任行为具有显著的正向影响。结果表明，当游客持有较强的环保意识和积极情感时，他们更可能在旅游过程中采取环境责任行为，如自我约束和促进环境保护等。②旅游目的地类型在这一关系中发挥调节作用。对于自然景观和其他类型的旅游目的地，游客价值观对环境责任行为的影响更显著。这可能是因为自然生态型旅游目的地更强调环境保护和生态可持续性，从而激发游客的环保意识和责任行为。相比之下，人文景观强调对文物文化的发扬与传承，影响较弱。

二、相关讨论

情感是推动行为的重要因素之一。王建明等曾提出个体在做出决策和行为选择时，往往受到其情感体验的强烈影响。例如，在旅游情境中，积极的情感体验（如享受自然美景带来的愉悦）可能会增强个体保护环境的意愿和行为。反过来，行为也会影响情感。个体在采取积极的环境责任行为后，可能会获得一种成就感和满足感，这种积极的情感反馈会进一步巩固其环境价值观和行为模式。游客价值观对其环境责任行为具有显著的作用。当个体持有强烈的环保价值观时，他们更有可能在旅游过程中采取节能、减排、减少废弃物等环境友好行为。这种关系可以通过价值—信念—规范理论来解释。根据该理论，个体的价值观会影响其信念和规范，进而决定其社会行为。在旅游情境中，这种关系表现为游客的环保价值观影响其环保信念和行为规范，最终决定其环境责任行为。

游客价值观对环境责任行为的影响验证了英国学者韦伯（Weber）等学者提出的价值观带来的效应可以促使个体衍生正向的社会行为控制的观点。这意味着当个体认同并内化环保价值观时，他们更能自觉地约束自己的行为，遵守环保规范，并对他人的不环保行为进行干预和纠正。这种社会行为控制不仅有助于保护旅游目的地的环境资源，还能够提升整个社会的环保意识和行为水平。

游客价值观具有重要的社会文化意义。它反映了社会对于环境保护的重视程度和价值取向，是评价社会进步和文明程度的重要指标之一。通过旅游活动，不同文化背景的游客可以相互交流和影响，促进环保价值观的传播和普及，有助于构建更加和谐、可持续的社会文化环境。总之，探索游客价值观对环境责任行为的影响是行为领域的重要研究方向之一。这些研究不仅有助于深化对个体行为和社会行为的理解，还能够为旅游业的可持续发展提供有力的理论支持和实践指导。

三、启示

本章内容的理论启示在于：首先，首次运用元分析方法分析游客价值观对其环境责任行为的影响，得出了各变量间精确的效应值，区分了变量间的关系强度。已有研究虽论证了价值观与环境责任行为变量的关系，但结论并不统一。本书基于前人实证研究结果，对游客价值观与环境责任行为的关系进一步检验，得出更具普适性的研究结论。相较于以往的环境责任行为研究，本书结合旅游业行业特征的发展背景，从游客的价值观层面出发，延伸了环境责任行为的驱动视角，为后续相关研究提供理论参考。其次，一直以来，价值观是个体的行为准则，而本章研究的元分析再次证明了价值观可以通过价值信念增强游客环境责任行为的实施，为相关问题的深入研究，如促进游客价值观提升的影响因素，不同游客群体（如年龄、性别、文化背景等）在价值观与环境责任行为关系中的差异，以及这些差异对旅游业可持续发展的影响等奠定了理论基础。

本章内容的实践启示在于：旅游企业应加强对游客环保意识的引导和教育，通过宣传、活动和优惠政策等方式，激发游客的环保情感和责任感。旅游目的地管理者应根据目的地类型制定相应的环保政策和措施，针对不同类型的旅游目的地，应采取不同的管理策略。在自然景观类型的旅游目的地，应更加强调环境保护和生态可持续性，提升游客的环保意识；在人文景观类型的旅游目的地，则应在传承历史文化的同时，注重环保理念的融入。

本章的研究内容仍存在一些限制。首先，可能无法涵盖所有相关研究和所有类型的游客。未来研究可进一步扩大数据来源和样本范围，以提高研究的全面性和准确性。其次，本章研究主要关注价值观因素对游客环境责任行为的影响，未来可以变换前置变量，研究可进一步探讨其他因素（如社会规范、法律制度等）在其中的作用，多角度地探索对游客环境责任行为的驱动作用。最后，由于数据来源的局限性，可用于游客价值观对环境责任行为的元分析方法的实证研究文献数量相对较少，相应的研究结果还缺乏稳定性，不能提供充足的数据和理论支撑，随着相关实证研究的逐渐丰富，接下来可继续跟进检验，以完善相关研究结论。

第五章　敬畏感对山岳型游客环境
责任行为的影响

　　已有研究证明，认知因素能够显著影响个体环境责任行为，但也有学者指出，与认知因素相比，情感因素的影响显然更加直接强烈，尤其是个体情感往往被作为亲环境行为的关键驱动因素投入研究。虽然目前已有成果证实激发骄傲、内疚和愤怒情绪的个体更愿意实施环境保护行为，且其主观幸福感能显著影响亲环境行为，但和认知因素相比，学者对游客情感因素和环境责任行为的关系研究还比较薄弱。因此，增强情感因素，尤其是积极情绪对游客环境责任行为影响的研究力度大有裨益。

　　敬畏感是一种复杂的情绪体验，它往往是人们在面对广阔、浩大、壮观或超出认知范围的事物时所产生的惊奇、疑惑、钦佩等情绪的混合体。研究表明，作为旅游过程中一种重要的离散情绪，敬畏感与其他情绪相比往往更加凸显与新奇。美国学者科格伦（Coghlan）从理论上强调了敬畏感对于个体周围世界的联系以及对于延长、记忆和重温体验的愿望的影响，可能导致行为和态度上的忠诚和强烈的地域偏好或地方依恋（Place Attachment）。后诸多实证研究表明，游客的地方依恋与其环境责任行为显著相关。由此，本章尝试以地方依恋为中介，探讨敬畏感的激发对山岳型游客环境责任行为的影响。

第一节 文献回顾

一、敬畏感

（一）敬畏感概念、特征与维度

在国外，敬畏感最早起源于希腊，被用于神圣的场合，主要研究成果集中在神学、哲学和社会学领域。在国内，敬畏最早起源于《史记》的记载，认为敬畏是个体对权力拥有者的服从，有利于维护社会的稳定。随后，儒、释、道三家的阐述使敬畏的内涵不断发展进化，其中最具有代表性的是儒家传统的敬畏观念。从《论语·季氏》中孔子提出的"畏天命，畏大人，畏圣人之言"的"三畏"，到朱熹的"敬只是一个畏字"，都是强调以内在的道德本心作为敬畏的根本。道德本心来源于上天的赋予，敬畏道德本心其实就是敬畏上天。但是，对儒家来说，尽管天决定了人的旦夕祸福，掌控人间，却并不意味着人只能臣服于"天命"之下，而是应当在"畏天命"的基础上通过对天命的尊重、遵循、把握，从而知天命。天命是不以人的意志为转移的，具有客观性。虽然敬畏在国内外早有迹可循，但学术界对其并没有科学的界定。心理学家将敬畏感纳入积极心理学的研究范畴后，敬畏感作为积极情绪的一种才受到学者们的广泛探讨。

美国社会心理学家什奥塔（Shiota）等首次提出将敬畏感认定为积极情绪的一种。美国心理学家凯尔特纳（Keltner）和海特（Haidt）提出了敬畏原型理论模型，认为个体在面对比自己更强大的事实以及超越自身认知图式。美国环境经济学家哈尔斯特德（Halstead）等提出敬畏感还应当包含恐惧、庄严、惊奇等复杂的情绪，强调恐惧是敬畏感中心时，通过重新构建对当前事物的理解体验敬畏感，并且指出感知到浩大和顺应的需要是敬畏感的两个核心特征。不可少的内容，只有当个体面对比自身更强大的事物才会产生这种反应。美国学者邦纳（Bonner）和弗里德曼（Friedman）将敬畏感的体验归纳为情绪、认知和感觉，具体包括神圣感、存在意识和当下。董蕊等首次将敬畏感作为积极心理学的一种引入国内并作出了全面总结，归纳了敬畏是与钦佩、惊讶、好奇、顺从等情绪混合的复杂情绪。赵欢欢等将敬畏感总结为细致、谦卑、尊敬和欣赏这四种情绪的混合。王影等的研究发现了敬畏中不同情绪所占比例也不同，其中，快乐、期待、信任和惊奇占比较大，悲伤、恐惧、愤怒和厌恶则占比较小。高志强认为敬畏是既崇敬又谨畏的道德情感。西班牙学者席尔瓦（Silva）等表示敬畏本身代表的任务中承担着好奇、娱乐、钦佩等多维度的功能。本书通过对上述文献的归纳，认为敬畏感是人们受刺激后产生的震撼、渺小、尊重等情绪。

（二）敬畏感的测量与实证研究

敬畏感的测量主要分为特质性敬畏与状态性敬畏两个方面。特质性敬畏是用来描述个体是否容易感受到敬畏感，是个体本身一直存在的情绪，具有稳定性、持久性等特征。状态性敬畏是用来描述个体感知的敬畏感的强弱，是当个体面对当下的奇特景观、不可思议的行为等因素诱发的敬畏感。在对特质性敬畏进行测量时，美国社会心理学家什奥塔（Shiota）等采纳特质性积极情绪量表（DPES）里的敬畏感分量表，探究敬畏与大五人格的关系，描述个体感知的特质性敬畏的不同，结果发现敬畏感分量表的信效度并不高。董蕊对特质性积极情绪量表的敬畏分量表进行了本土化改良，删除了不符合国内背景的题项，用该量表来研究敬畏感与幸福感之间的关系，经检测信效度有了显著提高，模型适配度比较理想。美国学者亚登（Yaden）等开发了包括时间知觉的延长、自我感知的降低等维度在内的敬畏感体验测量量表。赵欢欢等开发了中国人特质性敬畏词汇评定量表，量表由 21 个项目组成，主要分为尊重、谨慎、谦卑和欣赏四个维度，采用五点法计分，得分越高，则敬畏越高。旅游研究中常使用的是状态性敬畏感量表。状态性敬畏感量表通常采用语义差异量表形式，要求被试个体报告他们被诱发敬畏感时的状态，以此对敬畏感诱发因素的效果进行评价。田野等构建了山岳型景区游客敬畏感量表。赵亮等开发了适合中国语境的游客敬畏感测量量表。

对于敬畏感的诱发，美国心理学家凯特尔（Keltner）和海特（Haidt）的敬畏原型理论模型指出，敬畏的诱发主要有三种情境，分别为社会诱发源，如领导；物理诱发源，如壮丽美景；认知诱发源，如伟大理论。美国社会心理学家什奥塔（Shiota）等诱发敬畏的途径通常是让被试者观看一段视频。美国学者卢克（Luke）通过实证得出结论，参观者在欣赏美术作品时会激发敬畏感。美国学者弗拉德（Vladas）等则是要求个体通过回忆激发敬畏感。

情绪的产生随着行为发生变化，敬畏感的后置影响丰富。罗利等发现敬畏能够增强个体的亲社会行为，促进自我超越和共情的产生。孙颖等通过回忆书写、视频等方式激发出的敬畏感有助于促进个体产生亲环境行为。周宏等发现在消费过程中敬畏感能够使消费者注意自身的行为规范，并倾向于购买绿色产品。王财玉等研究表明特质敬畏能够影响大学生自然联结的产生。梁剑平等证明偶发的敬畏感能够触发个体的情感共鸣，唤起其内在激励，激发对他人的同情与关注，从而影响他们的行为，包括捐赠意愿。柯金宏等证实敬畏感能够降低物质主义对孤独感的正向影响。美国社会心理学家卡佩伦（Cappellen）认为产生敬畏感会使个体变得更加渺小。美国学者弗拉德（Vladas）等研究发现当个体产生敬畏感时，会对信息进行更加深入的加工。美国学者厄本（Urban）证实敬畏感能够促使个体产生知识缺口的意识。

（三）敬畏感在旅游学中的研究

2012年，美国学者科格伦（Coghlan）等将敬畏感首次引入旅游研究中。后续研究表明，敬畏感的激发与个体的旅游体验联系密切，相较于其他离散情绪，敬畏在旅程中出现得最频繁。在游客敬畏感的诱发方面，美国社会心理学家什奥塔（Shiota）等发现游客与大自然的直接接触对敬畏感的产生具有促进作用，旅游过程中壮丽的自然景观、历史气息厚重的寺庙、文化氛围庄严而浓厚的建筑或文物都会使游客迸发出敬畏感。美国学者皮尔斯（Pearce）等通过研究发现在自然情境下辽阔的景观、生物的多样性等都可以激发出游客的敬畏感。牛璟祺等将敬畏感的诱发因素分为自然宏大感知评价（外评价）和自我渺小感知（内评价）。此外，在黑色旅游和大型体育赛事旅游情境中，游客也被证实容易产生对生命的敬畏感，甚至这种敬畏感本身就是游客的旅游动机。田野等以山岳景区为案例地，实证检验了自然环境等组成的旅游环境可以诱发游客敬畏感。张庆芳等通过研究野生动物对游客的敬畏体验得出结论，女性、中年人和受过高等教育的游客较其他类型的游客容易产生敬畏感。洪晶晶运用扎根理论的研究方法，总结出基础资源、游前认知、景观或环境特性、氛围营造和游后收获五个构成感知情况下游客敬畏感的影响因素。

游客敬畏感的维度结构方面，李卓等运用扎根理论方法发现社会历史、自然环境和文化氛围可以激发游客的敬畏感，并且将敬畏感归纳为震撼、渺小、愉悦、虔敬四个方面。李曼硕等将视障游客作为研究对象探索其在旅游过程中的敬畏体验，发现视障游客通过三步完成敬畏体验过程：敬畏触发、敬畏体验、敬畏延展，在进一步对敬畏延展进行深度剖析后发现，敬畏延展由幸福延展和模式延展两部分构成；同时，他们就敬畏情绪的触发提炼出四个维度：主体、客体、体验和人际触发；最后，他们对敬畏体验进行维度测量，概括出渺小、希望和深刻等 17 个维度，这些维度反映了视障游客在旅途中产生的不同类型的敬畏情绪。

　　游客敬畏感的影响效应方面，田野、卢东等分别以西藏和峨眉山为案例地，证明敬畏感对游客满意度有正向影响并通过满意度的中介作用于游客忠诚。卢东等发现敬畏感的产生能够提升个体的道德感和保护环境的意识，产生道德规范行为。吕丽辉等在研究山岳型旅游景区的敬畏感时发现，敬畏感可以直接影响游客的分享意向和溢价支付意向，并且通过满意度间接影响游客的自发推荐意向和重游意向。赵亮等发现，在旅游情境下敬畏感会正向影响游客的国家认同。

二、地方依恋

　　地方依恋是个体与特定地方的历史、文化、社会等方面产生的情感联系与体验。吴丽敏等将旅游地地方依恋定义为，游客与目的地间基于情感、认知和行为的一种联系。黄向等认为由于主体认知的变化使旅游目的地具有地方意义，进而，因为地方意义的出现促使地方依恋生成，即地方依恋的产生路径是通过旅游主体到作用过程再到旅游目的地。

　　现有研究普遍将地方依恋作为多维概念来研究。人、场所和心理过程、自然联系、家庭和朋友的联系、社会联系等都被视为其维度之一。但大多数学者更为接受对其的二维划分：地方依赖和地方认同。地方依赖是指个体对特定地理环境的功能性依恋，其产生往往取决于环境的完备性与独特性同个体生理、心理、社交等方面需求之间的适配程度，是地方提供必要条件以进行某些休闲活动的重要性的衡量指标。地方认同是人给予地方特殊含义的一种情感性依恋，是对地方特定象征属性产生的自我认同，可以提高个人对旅游目的地的归属感。有研究证明，地方依赖与地方认同是相互影响，而非完全独立的两个维度。本书就地方依恋采用二维划分方式进行研究。

现有研究表明，感知体验和情感因素是游客地方依恋的主要诱发因素。其中感知体验因素包括食物和水、地方餐厅体验、服务感知、气味感知等；情感因素主要包括旅游涉入、游客情感变化等。地方依恋对游客行为的影响效应，已识别的后置变量包括满意度忠诚度、重游意愿、推荐意向的实施、社会参与等。

与本章研究内容十分相关的是，诸多实证结果显示，地方依恋能够显著正向影响游客的环境责任行为，研究情境涉及不同类型的旅游目的地，主要包括湿地公园、国家公园、森林公园、自然遗产地、海岛景区、度假区、山岳型景区以及文化古镇等，研究结论如表 5-1 所示。

表5-1　游客地方依恋与环境责任行为关系研究总结

作者	情境	结论
Kyle 等	美国森林公园	地方依恋显著正向影响环境态度和 ERB
Halpenny	加拿大国家公园	依恋显著影响旅游与日常情景中的 ERB
Lee	湿地公园	休闲涉入、地方依恋正向影响 ERB
Ramkisson 等	澳大利亚国家公园	地方依恋通过满意度间接影响 ERB
范钧等	浙江省旅游度假区	地方依赖直接影响 ERB，且通过地方认同间接影响 ERB
万基财等	九寨沟自然遗产地	依恋的不同维度对不同类型的环保行为倾向存在显著影响
周玲强等	杭州西溪湿地	将地方依恋纳入计划行为理论框架证实二者的正相关关系
贾衍菊等	厦门主要景区	地方依恋是 ERB 形成的重要驱动因素
张安民等	西湖、乌镇	地方依恋在游憩涉入与游客亲环境行为之间起部分中介作用
邓祖涛等	武汉东湖湿地	依恋对游客 ERB 有显著的直接影响
邱宏亮	西溪花朝节	节庆依恋是游客 ERB 的最关键驱动要素
黄涛等	长城国家公园	依恋可作为满意度与 ERB 的中介变量

地方依恋测量多采用心理学方法评价有效性，更多地采用测量量表和定量模型拟合的方式。对地方依恋的测量主要采用李克特量表形式，代表性量表如美国学者威廉姆斯（Williams）等在森林旅游情境下开发的二维量表，地方依赖的问项如"相比其他地方，某地更能满足我的需求"，地方认同的题项如"某地对我

而言十分特别"。

第二节　研究假设与模型

一、游客敬畏感的激发

原型理论模型认为敬畏的诱发源有 3 种，即社会性诱发源、有形性诱发源，和认知性诱发源。在诱发源的不同组合情境中，若个体感受到环境的浩瀚广阔，会自觉产生一种尊重和顺应感，进而诱发敬畏情绪。我国大部分山岳景区同时能够满足游客观赏自然景观和体验文化氛围的需求，因而也就具备了诱发游客敬畏感的有形性因素和社会性因素。已有研究证明，以自然为基础的旅游情境更容易诱发游客的敬畏感，如美国学者鲍威尔（Powell）等认为敬畏感往往在浩大、广阔的自然环境中被激发出来；美国社会心理学家什奥塔（Shiota）等研究发现游客在面对壮丽的自然景观、神秘的建筑时更易完成敬畏的情绪体验。田野等基于山岳型旅游景区，将敬畏诱发源分为两个主要方面区分定义，即有形性诱发源定义为旅游目的地的自然环境，社会性诱发源定义为景区的文化氛围。为进一步比较验证自然环境与文化氛围对游客敬畏感诱发的程度，本书提出如下假设：

H1：景区的自然环境正向影响游客的敬畏感。

H2：景区的文化氛围正向影响游客的敬畏感。

二、敬畏感对地方依恋的影响

积极情绪扩建理论强调了积极情绪对个体心理和行为的双重影响，该理论认为积极情绪能够扩展、构建个体各方面的发展资源，从而实现进一步发展，如对外界事物评价的正面态度等。敬畏感作为一种典型的积极情绪，能够增强促使个体弱化"自我"，增强与外部环境的联系，促进态度和行为的忠诚，促使个体延长记忆或重温过去的体验，导致地方依恋的产生。作为一种正面的人地情感联结关系，地方依恋是游客对目的地的积极评价与情感忠诚的显示。随着与地方联系日益加强，个体对地方的记忆与回味自然愈加强烈，也就很容易产生正向的情感联结。敬畏感能够促进这种人地情感联结关系。若游客的特定需求被满足，作为敬畏感诱发源之一的文化体验需求，那么游客就会对该地产生依赖；地方被视为具备符号价值与意义的活动场所，当游客在某地实现了敬畏情绪体验，他们往往会对该景区甚至整个地区产生深刻的情感联结和地方自我认同。固然，情感联结在地方依恋或地方情感的研究价值已被广泛认同，但导致地方依恋的情感诱发源依旧不被重视，敬畏感在其中的作用也一直被忽视。基于以上内容，本书提出敬畏感对地方依恋二维度影响的关系假设如下：

H3：敬畏感正向影响游客的地方依赖。

H4：敬畏感正向影响游客的地方认同。

三、地方依恋对地方认同的影响

研究初期，学者们将地方依赖和地方认同作为两个独立维度来对地方依恋的内涵加以概括和测量，并未研究二者之间是否存在影响联系。随着研究理论与内容的不断深化拓展，有学者提出猜想，地方依恋的两个维度可能并非平行维度，而是存在相互影响的关系。游客通过对不同旅游目的地的对比后总能找到一个最能满足个人需求的旅游地，这种经过心理比较和亲身体验的结论激发其对该旅游地产生地方依赖的情感。而与地方依赖相比，地方认同的激发显然更加漫长与复杂，作为个人认同与地方认可的联结，地方认同是一种个体对地方自我认同感的表达，往往是游客对旅游地的象征意义和符号价值感知进行评估后的结果。换言之，地方依赖与地方认同是一个顺序产生的过程，游客先对某个地方产生依赖感，通过不断重游和心理加工后才会转化为地方认同。现有研究表明，地方依赖能够显著正向影响地方认同，如美国学者瓦斯克（Vaske）等发现以地方认同为中介，地方依赖能够对个体的环境态度和日常行为产生影响，范钧等通过研究证明了地方依赖对地方认同的直接影响作用，唐文跃等研究发现地方依赖能够通过提高地方认同进而正向影响资源保护态度。为进一步验证两个维度之间的关系，本书提出如下假设：

H5：地方依赖正向影响地方认同。

四、地方依恋对环境责任行为的影响

当游客对地方产生较高程度的依恋时，他们情愿减少对旅游资源使用及破坏的频率或程度，主动实施环境责任行为，从而促进旅游地的可持续发展。已有研究证明，地方依恋对游客环境责任行为意愿及实施产生直接或间接的正向影响。具体地，地方依赖能够显著正向影响环境责任行为，此外，地方依赖感强烈的游客会更加关注各种资源的可持续发展，具有高地方认同的游客也会具有维护资源与环境不受破坏的意识，同时，地方认同与环境责任行为之间的关系也被大量研究证实。为进一步检验以上观点，本书提出以下假设：

H6：地方依赖正向影响游客的环境责任行为。

H7：地方认同正向影响游客的环境责任行为。

五、敬畏感对环境责任行为的影响

情绪扩建理论认为个体所产生的积极情绪能够促使其产生积极思维与行为，进而产生利他行为。游客环境责任行为是一种利他行为，更是一种有益于实现旅游可持续发展的积极行为，其实施可能受到敬畏感的正向影响。一些相关范畴的实证研究结论支持敬畏感直接正向影响游客环境责任行为的逻辑假设。美国社会心理学家斯皮尔斯（Spears）等证明敬畏感会弱化个体对自我利益的关注，将对"自我"意识的感知转化为对外界的关注与认同，从而产生更多的亲社会行为。美国心理科学家皮夫（Piff）等发现敬畏感能使个体增加对他人实施更多的友好行为。卢东等发现被激发出敬畏感的游客具有更严苛的道德判断和更强烈的道德意愿。游客的环境责任行为不仅是基于道德意愿的社会责任的承担，也是响应环境保护的自觉行动，他们在关注自我行为的同时以自我为中心向外部扩展，用个体行为影响周围游客的环境行为，这在本质上是亲社会行为的一种。基于此，本书提出以下假设：

H8：敬畏感正向影响游客的环境责任行为。

基于上述假设，构建山岳型景区游客"敬畏感—地方依恋—环境责任行为"关系模型，综合探讨敬畏感对游客环境责任行为的影响机制，如图 5-1 所示。

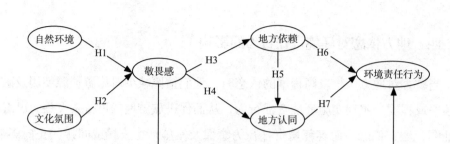

图5-1　概念模型图

第三节　研究设计与数据收集

一、假设变量测量

为确保概念操作化的系统性与可靠性，在对各变量进行测量时选择已有研究使用过且与本章研究相契合的量表，与案例地的实际情况相结合，在经过专家访谈和前测调整后形成最终问卷。本章主要基于田野等研究中的量表，通过语义差异量表和五分制李克特量表形式对敬畏感及其环境诱因进行测量与研究，地方依恋和环境责任行为量表的设计参考范钧等、贾衍菊等、程天明（Cheng）等研究，受访游客基于李克特五分法回答各问项。

二、数据收集

作为国家 5A 级旅游景区，千山景区同时拥有丰富的历史文化底蕴、优越的生态环境以及浓厚的文化氛围，是典型的文化山岳型旅游地。将千山景区作为研究案例地，与"文化山岳型景区"情境相一致。为保证调研问卷的可信度和有效性，本研究采用方便抽样法，在千山景区正门前发放测问卷，共计发放 85份，剔除无效问卷后共回收 78 份，问卷有效率为 92%。通过 SPSS21.0 软件对前测问卷进行信度分析，检验数据的内部一致性，将初始量表进行纯化。结果显示，除文化氛围变量中"千山让我感受到文化氛围的浓郁、独特"这一题项的 *CITC* 值小于 0.3 外，其他变量题项与总分相关的系数 *CITC* 值及克朗巴哈系数 Cronbach's *α* 系数均符合要求，因此，在正式问卷中删除该了题项，并且根据受访者建议，修改了 2 个题项中的表达语句。

正式调研也是采用方便抽样法，为保证填写问卷的游客全部结束游览，问卷发放地点选择在千山景区出口，共发放问卷 400 份，回收有效率为 86%。在 344 份有效样本中，女性占 52.6%，31 ～ 45 岁年龄段的游客最多（39.2%），69.2% 的游客具有大专及本科学历，36.3% 的游客来自鞍山本市。对数据的正态分布性检验结果显示，所有问项的偏度绝对值均小于 3，峰度绝对值均小于 8，样本基本服从正态分布，适合采用最大似然法进行参数估计。

第四节　数据分析与结果

一、测量模型检验

使用 AMOS23.0 软件进行验证性因子分析，各项拟合指标显示测量模型与数据拟合效果良好（卡方自由度比值 $ζ^2/df$=1.149，均方根残差 *RMR*=0.038，近似误差均方根 *RMSEA*=0.025，拟合优度指数 *GFI*=0.905，比较拟合指数 *CFI*=0.98，Tucker-Leweis 指数 *TLI*=0.977，增量拟合指数 *IFI*=0.981）。各变量的组合信度 *CR* 和克朗巴哈系数 Cronbach's *α* 均大于 0.7，这说明测量具有良好的稳定性，如表 5-2 所示。建构效度主要通过聚合效度和区分效度体现。所有问项的因子载荷均大于 0.5，平均方差抽取量 *AVE* 介于 0.463~0.686，除敬畏感变量略低于 0.5 外，其他都大于 0.5 的标准，可以接受，这说明测量同一变量的问项间具有良好的聚合效度。区分效度检验结果显示，任意 2 个变量间的相关系数（对角线下数值）均小于各变量自身的平均方差抽取量 *AVE* 平方根（对角线加粗数字），这表明测量不同变量的问项间存在足够的区分效度，如表 5-3 所示。

表5-2 测量模型分析结果

变量与问项	因子载荷	克朗巴哈系数	组合信度（CR）	平均方差抽取量（AVE）
标准 Standard	>0.5	>0.7	>0.7	>0.5
自然环境（NE）	0.786			
该景区山峰形态秀美奇丽，数量众多	0.734			
千山让我感受到自然力量的神奇、强大	0.831	0.808	0.854	0.595
千山让我感受到在大自然中我是渺小的	0.731			
千山让我感受到面对大自然要保持谦卑				
文化氛围（CA）	0.799			
千山让我感受到历史文化建筑的高大	0.716			
该景区历史音乐庄严肃穆	0.774	0.845	0.860	0.607
千山让我感受到在历史文化建筑面前我是渺小的				
千山让我感受到面对历史文化要保持谦卑	0.847			
敬畏感	0.657			
在千山游玩，令我感到（无聊—惊奇）	0.705			
在千山游玩，令我感到（不满意—超出预期）	0.738			
千山的游玩体验是（寻常的—独特的）	0.646	0.820	0.837	0.463
千山的游玩体验是（没有印象的—难忘的）	0.661			
在这里，我是感到（藐视的—崇敬的）	0.716			
在这里，我是（意志消沉的—振奋人心的）				
地方依赖（PD）	0.827			
相比其他地方，我更喜欢千山的自然环境	0.824			
相比其他地方，千山更能满足我文化体验的需求		0.832	0.867	0.686
千山给了我其他地方没有的满足感	0.833			
地方认同（PI）	0.703			
千山对我来说非常特别	0.805	0.841	0.796	0.566
我对千山有很强烈的认同感				
我很喜欢在千山游玩，不想离开	0.746			

续表

变量与问项	因子载荷	克朗巴哈系数	组合信度（CR）	平均方差抽取量（AVE）
环境责任行为（ERB）	0.785			
在景区游览时，我不会乱丢垃圾	0.770			
我会遵守景区的文物保护规定，不给佛像拍照	0.817			
看到有人破坏草木，我会主动劝说、制止	0.751	0.904	0.900	0.601
我会学习环境保护相关的知识	0.738			
我会与其他人讨论千山的环境保护问题	0.789			
我会提醒同行亲友不做破坏环境的举动				

表5-3　区分效度检验

变量	NE	RA	AWE	PD	PI	ERB
自然环境（NE）	0.772					
文化氛围（CA）	0.405**	0.779				
敬畏感	0.420**	0.409**	0.680			
地方依赖（PD）	0.318**	0.156*	0.161*	0.828		
地方认同（PI）	0.252**	0.049**	0.208**	0.435**	0.753	
环境责任行为（ERB）	0.285**	0.176**	0.396**	0.597**	0.523**	0.775

注：** 表明 P 在小于 0.01 的水平上显著；* 表明 P 在小于 0.05 的水平上显著。

二、结构模型检验

采用极大似然法对结构模型进行参数估计，模型拟合指标（卡方自由度比值 ζ^2/df=1.174，均方根残差 RMR=0.042，近似误差均方根 $RMSEA$=0.028，比较拟合指数 CFI=0.977，Tucker-Leweis 指数 TLI=0.973，增量拟合指数 IFI=0.977，拟合优度指数 GFI=0.902）均符合评判标准。以显著性 P<0.05 为标准进行路径分析得到假设检验结果：游客对文化山岳型景区自然环境与文化氛围的评价均

显著正向影响敬畏感的产生（β_1=0.481，$P<0.05$；β_2=0.250，$P<0.05$），H1、H2 成立；敬畏感对地方依赖、环境责任行为的正向影响显著（β_3=0.288，$P<0.05$；β_8=0.277，$P<0.001$），H3、H8 得到验证，但对地方认同的直接正向影响未达显著（β_4=0.128，P=0.099>0.05），因此拒绝假设 H4；地方依赖显著正向影响地方认同（β_5=0.510，$P<0.001$），接受 H5。此外，地方依赖和地方认同对环境责任行为均具有显著的正向影响（β_6=0.443，$P<0.001$；β_7=0.272，$P<0.001$），H6、H7 成立，如表5-4所示。

表5-4　假设检验结果

假设	标准化路径系数（β）	标准误（$S.E$）	t 值	结果
H1：自然环境→敬畏感	β_1=0.481*	0.190	2.978	成立
H2：文化氛围→敬畏感	β_2=0.250*	0.121	2.057	成立
H3：敬畏感→地方依赖	β_3=0.288*	0.101	3.274	成立
H4：敬畏感→地方认同	β_4=0.128	0.124	1.649	不成立
H5：地方依赖→地方认同	β_5=0.510***	0.121	5.811	成立
H6：地方依赖→环境责任行为	β_6=0.443***	0.088	4.924	成立
H7：地方认同→环境责任行为	β_7=0.272***	0.055	3.498	成立
H8：敬畏感→环境责任行为	β_8=0.277***	0.079	3.936	成立

注：*** 表示 $P<0.001$，* 表示 $P<0.05$。

三、中介检验

运用偏差校正百分位自举（Bias-Corrected Percentile Bootstrap）方法进行中介效应检验发现：敬畏感对环境责任行为的总效应显著（β=0.479），95% 置信区间为（0.338，0.761），其中直接效应显著（β=0.277），95% 置信区间为（0.150，0.519）；间接效应主要通过两条中介路径发挥作用：敬畏感→地方依赖→环境责任行为（β=0.128），95% 置信区间为（0.062，0.276）；敬畏感→地方依赖→地方认同→环境责任行为（β=0.040），95% 置信区间为（0.016，0.100）；另一条中介路径（敬畏感→地方认同→环境责任行为）效应未达到显著，如表5-5所示。结果表明，地方依赖和地方认同在敬畏感与环境责任行为间起到部分中介作用，且表现为链式中介效应。

表5-5 中介效应检验

效应	路径	标准化路径系数	95% 置信区间
间接效应	敬畏感→地方依赖→环境责任行为	0.128	（0.062，0.276）
	敬畏感→地方认同→环境责任行为	0.035	（-0.002，0.098）
	敬畏感→地方依赖→地方认同→环境责任行为	0.040	（0.016，0.100）
直接效应	敬畏感→环境责任行为	0.277	（0.150，0.519）
总效应	敬畏感→环境责任行为	0.479	（0.338，0.761）

本章小结

首先，敬畏感直接显著影响环境责任行为，地方依恋的两个维度（地方依赖和地方认同）在其中起部分链式中介作用。具体而言，地方依赖在敬畏感对环境责任行为的正向影响中起到部分中介作用，但地方认同并不能作为单独变量对该路径产生中介作用，只能与地方依赖组合发挥中介作用。研究内容实现了对美国学者拉德（Rudd）等、美国心理科学家皮夫（Piff）等关于敬畏感能够促进人们产生亲社会行为结论的旅游化，丰富了从个体情绪或情感状态探讨游客行为规律的研究内容，尤其是积极情绪方面。

其次，敬畏感是影响游客地方依恋形成的重要因素。敬畏感作为一种复杂而积极的情绪体验，能够唤起个体对外界的高度关注和认知敏感性，促使其产生积极的心理变化和行为反应，如高水平的地方依赖、对地方的自我认同。与现有研究相比，本章首次实证检验美国学者科格伦（Coghlan）等关于敬畏感与地方感等相关概念间关系假定的理论观点，研究发现在我国文化山岳型的旅游情境下，游客敬畏情绪可以激发游客对旅游地的地方依恋。同时采用地方依恋的二维划分法，进一步揭示了敬畏感、地方依赖、地方认同三个变量之间的关系，厘清了敬畏感对地方依恋的影响机制与路径。研究结果表明，敬畏感对地方依赖有直接正向的影响作用，且地方依赖在其与地方认同之间起到中介作用，这与范钧等证实的情感意象（游客对景区各种属性的情感反应）与地方依赖和认同关系的研究结论相似。在本章中，敬畏感对地方认同的影响并不显著，原因可能在于地方认同是一个长期概念，实现地方认同是一个长期而复杂的过程，并不能在一次游览中就完成，通常需要经过多次重游才会产生，而游客敬畏情绪的产生具有短暂性、即时性特点，未有研究证明敬畏感一旦产生就不会轻易消逝，因此可能对需要长期认知与情感联系的地方认同不具有显著的直接影响。

本章探索性地引入了新的可考变量，为游客环境责任行为的影响因素研究提供了新的视角，弥补了以往多从环境态度等"认知"变量出发，忽视对游客情绪等"情感"因素的考察而造成的学术局限。此外，本章进一步验证了地方依赖对地方认同的正向影响，地方依恋对游客环境责任行为的正向影响，以及敬畏感受景区自然环境和文化氛围的双重影响。

本章内容提供了重要的管理启示：目前，各景区在解决环境问题时的惯常方法存在局限性，仅依赖道德约束和法律手段来规范游客行为，如对游客的环境不友好行为进行惩戒，或通过提供导游解说来引导游客实施环境友好行为，这些方法过于基础和低级，并不能产生预期效果。已有研究表明，游客作为旅游活动的主体，是推动景区实现可持续发展的重要因素，因此，相对于景区采取外部性措施，激发游客主动实施环境责任行为才是解决景区环境困境、实现可持续发展的有效途径。环境问题亟待解决的景区在制定激发并培育游客环境责任行为的措施时，应该重点关注游客的情绪体验，引入敬畏感理论与方法审视我国文化山岳型景区的可持续旅游具有可行性。本章为景区提供了激发游客敬畏感的可操作化方案，景区合理开发大好风光、优化景观设计，加大力度提炼文化形象、宣传文化体验活动，提炼和强化景区内的文化符号，增强景区文化氛围，能有效促使游客敬畏感的产生；完善服务和基础设施，满足游客需求；增强地方依赖程度，先形成对目的地提供的个体观赏、休闲、游憩或文化体验需要的依赖感与重游意愿，再逐步形成对景区"地方意义"的自我认同。作为一种深层次人地情感，地方认同将"地方"概念纳入"自我"概念，在游客环境责任行为的培育、形成与推动景区可持续发展的过程中具有同样重要的作用，景区从游客体验的角度出发制订措施促进游客环境责任行为，实现景区长远发展，对景区、游客、旅游地环境来说是共赢举措的。

本章内容虽丰富了相关理论应用，也为我国文化山岳型景区培育游客环境责任行为提供了新的视角，但仍存在一些局限。首先，采用数据统计推论的定量分析方法检验研究假设，得出的变量间关系只在一定统计水平上显著，存在定量方法的普遍缺点，而且本章关注的是游客情绪、态度、意愿等心理变量，在问卷调查时受访者容易产生社会期许，导致报告感受时趋于中立或偏向积极，影响研究结论的真实性，未来可以通过访谈等质性方法，在优化结果的同时，还能直接反映地方属性。其次，缺乏理论框架的应用，未来可以将个体情绪纳入成熟的一般性行为理论框架，尝试对研究结论进行理论层面的构建与检验，拓展个体情绪与行为研究领域的范围。

第六章 敬畏感对生态型游客环境责任行为的影响

随着旅游业的迅猛发展，旅游景区在容纳大批游客的同时，也承受了游客随手乱扔垃圾、到处刻字等负环境行为对景区环境和生态系统造成的污染和破坏。对此，国家已经出台了相关的法律法规，景区也采取了相应的管理措施来约束和警告游客，但游客的不文明行为还是随处可见。游客的负环境行为给旅游目的地的经营管理和可持续发展带来了巨大挑战。在旅游过程中，游客如果被激发出环境责任行为，就会自觉遵守旅游地的准则，并积极地阻止他人的负环境行为。因此，促进游客采取环境责任行为就成为实现旅游目的地环境保护和可持续发展的关键策略。

已有研究表明，敬畏感可以通过地方依恋、预期自觉情绪、道德规范等中介因素正向影响游客环境责任行为，但敬畏感是否还可能通过其他因素促进游客亲环境责任行为尚需进一步探索。敬畏感能够使个体感知到自我的渺小，产生小我的感受。小我可以使个体得到提升，让个体与社会的关系更亲密，有力介导敬畏感对亲社会行为的影响，据此推测小我可能会影响游客环境责任行为。敬畏感是能提升道德感的积极情绪，在旅游环境下启发敬畏感的游客道德判断更加严格，道德意愿更加强烈，从而使游客从心理上肯定并积极倡导和施行环境责任行为。但这种影响机制仍在理论上具有不完善之处，现有研究尚未对敬畏感影响道德规范的路径展开探讨。小我可以减少对自身利益的关注，把自我纳入更大的环境中，把自己看作更大的事物或团体中的一部分，据此推测小我可能会影响道德规范。

基于已有研究成果，本章以小我和道德规范为中介因素，构建敬畏感对生态型游客环境责任行为的驱动模型，揭示敬畏感对生态型游客环境责任行为具体维度的影响，以期进一步丰富情感因素对游客环境行为责任影响机制的研究。

第一节 文献回顾

一、小我

（一）概念

小我的概念内涵早期与自我意识相关，主要包括自我知觉、自我利益和自我情绪的下降。个体的自我意识越低，越将关注点放在更大的集体上，与外界的联结就会更加紧密，通常出现在崇敬、高尚、钦佩、高峰体验等情绪体验中。美国心理学家凯尔特纳（Keltner）等最早将敬畏感和小我联系起来，指出小我是个体在面对比自己更广阔和强大的事物时，感到渺小和谦卑，并主观上削弱自我意识以及降低自我利益目标动机的一种情绪体验。美国学者邦纳（Bonner）等总结了敬畏情绪的三个核心元素：超越感、联结感和渺小感。随后美国心理科学家皮夫（Piff）等认为小我是个体在广阔、浩瀚的环境中感知到自身的渺小和对自我意识的削减。本书认为小我是当个体面对足够强大的事物或者超出自身理解范围内的观点时，所感受到的一种卑微、渺小的复杂体验。小我可以使个体将关注点放在更大的集体而非个人上，能够增强个体与社会之间的联结度，提升个体实施亲社会行为。

（二）小我的维度和测量

美国社会心理学家什奥塔（Shiota）用回忆法让被试者回忆与敬畏相关经历，编制了自我渺小感量表。美国心理科学家皮夫（Piff）等在对小我的概念进行系统梳理后，将小我划分为"环境浩大感"和"自我降低感"两个维度，并且每个维度各提出5个相关题项，设计了总计10个题项的小我测量量表，经检验量表信效度适配度良好。中国学者杨柏等根据美国社会心理学家什奥塔（Shiota）自我渺小感量表，编制了自我感知大小量表来测试个体自我大小的感知。国内学者对小我的测量是基于国外已有的量表对其进行本土化的修订。

二、道德规范

（一）概念、维度及测量

学者一般认为道德规范是个体实施行为时感知到的责任感和遵守的道德准则。道德规范早期通常采用单维度量表测量，没有进行多维度的划分。最近的研究中，学者开始对道德规范进行维度划分，以细分道德规范的内涵。何云梦将道德规范划分为主观规范和社会规范两个维度。目前，学者更多地认可将道德规范划分为道德判断和道德意愿两个维度来进行评价，本书也采用此维度划分。

（二）对行为的影响

研究发现，游客道德规范能促进文明旅游行为意愿的产生，影响游客亲环境行为，实施文明旅游行为；居民具有道德规范能够正向影响其保护旅游地环境行为，促进居民实施环境责任行为，对乡村旅游的发展起到帮助作用。目前，道德规范在旅游学领域的研究还处于初步阶段，较少有学者分析影响道德规范的前置因素。

第二节　研究假设与模型

一、游客敬畏感的诱发

根据敬畏原型理论可知，敬畏有三种诱发源：有形性诱发源，如建筑、山河等；社会性诱发源，如历史文化建筑等；认知性诱发源，如知识、理论等。已有研究证明游客敬畏感的有形性诱发源是景区的自然环境，社会性诱发源为景区的文化氛围，在旅游情境下认知性诱发源不常出现。比如，美国社会心理学家什奥塔（Shiota）等发现，在盛大的场景面前，游客容易被激发出敬畏感。美国学者鲍威尔（powell）等在分析游客情感对行为的作用时发现，敬畏感通常出现在自然环境中，从而增强游客的满意度。田野等发现游客的敬畏感由景区的自然环境和文化氛围同时诱发，并且对游客的忠诚度和满意度产生正向影响。随后祁潇潇等再次验证了游客敬畏感的诱发源为自然环境和文化氛围。基于此，本书提出如下假设：

H1：景区的自然环境正向影响游客的敬畏感。

H2：景区的文化氛围正向影响游客的敬畏感。

二、敬畏感对小我的影响

敬畏是一种自我超越的积极情绪，会使人们将自己视为更大事物的一部分，从而降低个体对自我重要性的感知，感受自己的渺小和谦卑。研究发现与其他积极情绪相比，只有敬畏和渺小感相关，这与敬畏原型的两个核心特征相符合。美国社会心理学家什奥塔（shiota）等研究发现个体回忆过往敬畏经历时，感知周围的事物比自己更大，自己变得渺小且不重要，同时他们的注意力很少集中在日常琐事上，而是更多地关注周围的环境。同时，敬畏的强度可以预测自我缩小的程度，且无论在集体主义还是个人主义文化背景下，敬畏都会使自我产生渺小感，其注意力更多关注周围的环境。综合上述分析，本书提出如下假设：

H3：敬畏感对小我产生正向影响。

三、敬畏感对道德规范的影响

道德规范是个体实施行为时遵守的道德准则，包含道德判断和道德意愿两个二阶概念，指导和约束个体的行为。敬畏感的产生会使游客感受到道德责任，提升道德规范。卢东等研究发现启发敬畏感的游客道德判断更加严格，道德意愿更加强烈。吕丽辉等研究表明敬畏感的产生能使游客用更加严苛的道德判断来规范自己，进一步增强其道德意愿。基于以上文献，本书提出如下假设：

H4a：敬畏感对游客的道德判断产生正向影响。

H4b：敬畏感对游客的道德意愿产生正向影响。

四、敬畏感对环境责任行为的影响

敬畏感是一种积极情绪，根据积极情绪扩建理论可知，相较于消极情绪，积极情绪更有助于扩展个体的认知范围并做出更多有利于他人、社会的行为。个体被激发了敬畏感，就会将其注意力由自我转移到外界，降低对自我利益的要求，更加关注他人和集体的利益，更加愿意参加公益活动，更加倾向康慨，乐于助人等一系列亲社会行为。环境责任行为是个体为了保护环境而做出的积极行为，是亲社会行为的一部分，所以可能受到敬畏感的影响。在旅游领域，已有研究表明在文化山岳型景区、生态旅游中，敬畏感的激发可以正向影响游客环境责任行为。环境责任行为可分为具体环境行为和一般环境行为。一般环境行为是游客采取的有利于改善与保护景区环境的间接性行为；具体环境行为是游客保护景区环境采取的直接性行为。基于以上文献，本书提出如下假设：

H5a：敬畏感正向影响游客具体环境行为。

H5b：敬畏感正向影响游客一般环境行为。

五、小我对环境责任行为的影响

小我可以促使个体的自我提升，使自己与社会的联系更密切。已有研究表明，个体产生小我会使其在团体中进行更多金钱或时间上的付出，会更加注重所在团体的整体利益，不考虑个人的利益要求。小我有力介导敬畏感对亲社会行为的影响，敬畏感越高的个体在小我的中介作用下，会产生更多的道德行为、助人行为等亲社会行为。综合上述分析，本书提出如下假设：

H6a：小我正向影响游客具体环境行为。

H6b：小我正向影响游客一般环境行为。

六、道德规范对环境责任行为的影响

游客的环境责任行为是根据自身实施的环境行为是否正确，而不是通过计算收益成本来衡量，所以，游客的环境责任行为应当被归类为道德范畴。根据规范激活模型可知，道德规范对个体的某些特定行为会产生影响。已有研究发现道德规范能够正向作用于游客文明旅游行为意愿，道德规范中的道德判断和道德意愿能够促进游客环境责任行为的产生。基于以上文献，本书提出如下假设：

H7a：道德判断正向影响游客具体环境行为。

H7b：道德判断正向影响游客一般环境行为。

H7c：道德意愿正向影响游客具体环境行为。

H7d：道德意愿正向影响游客一般环境行为。

七、小我、道德规范在敬畏感和环境责任行为中的中介作用

有学者认为敬畏、自我概念与亲社会行为之间有很明显的联系，个体被诱发敬畏感后，产生了小我，从而做出有利于他人的行为，更加愿意进行捐献。敬畏感的个体会将注意力转移到更加广阔的事物上，降低对自身的关注和重视，从而影响其社会行为。基于此，本书认为小我在敬畏情绪和环境责任行为中起中介作用。

现有文献证实游客的敬畏感越高，道德责任感越强，就越有可能实施文明旅游行为。吕丽辉等发现道德判断和道德意愿均部分中介于敬畏感和游客环境责任行为。基于此，本书认为道德判断和道德意愿在敬畏感和环境责任行为中起中介作用。

目前，大多数文献研究都是研究小我与亲社会行为之间的关系，对于小我和道德规范的直接影响尚未有学者进行研究，但有研究涉及了小我与道德的间接影响。韩国学者申周永（Young）等研究发现个体被诱发出敬畏感，会产生小我的浩瀚感，从而增强个体的道德关怀，其中小我完全中介于敬畏感和道德关怀。本书认为小我对道德规范有正向影响，小我和道德规范在敬畏感和游客环境责任行为中起链式中介作用。基于以上文献，本书提出如下假设：

H8a：小我在敬畏感和游客具体环境行为中起中介作用。

H8b：小我在敬畏感和游客一般环境行为中起中介作用。

H9a：道德判断在敬畏感和游客具体环境行为中起中介作用。

H9b：道德判断在敬畏感和游客一般环境行为中起中介作用。

H9c：道德意愿在敬畏感和游客具体环境行为中起中介作用。

H9d：道德意愿在敬畏感和游客一般环境行为中起中介作用。

H10a：小我对道德判断起正向作用。

H10b：小我对道德意愿起正向作用。

H11a：小我和道德判断在敬畏感和游客具体环境行为中起链式中介作用。

H11b：小我和道德判断在敬畏感和游客一般环境行为中起链式中介作用。

H11c：小我和道德意愿在敬畏感和游客具体环境行为中起链式中介作用。

H11d：小我和道德意愿在敬畏感和游客一般环境行为中起链式中介作用。

基于上述分析和假设，本书推论：景区的自然环境和文化氛围共同诱发游客的敬畏感，敬畏感能够正向地影响小我、道德规范和游客环境责任行为，小我与道德规范在该景区呈现正相关关系，小我、道德规范与游客环境责任行为也在本章研究情境下呈现显著相关的关系。因此，构建概念模型如图6-1所示。

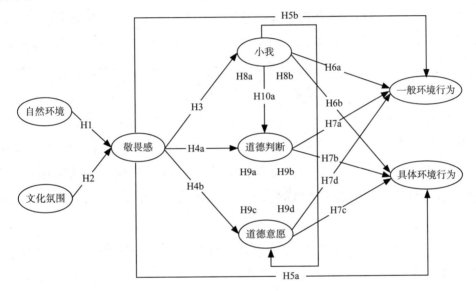

图6-1　概念模型图

第三节　研究设计与数据收集

一、假设变量测量

本书采用已有文献中使用过的量表对各变量进行测量，结合南山竹海景区的实际情况，对部分词句进行调整，形成初始量表。其中，敬畏感参考选择了田野等和祁潇潇等的研究，小我的测量参考了美国心理科学家皮夫（piff）的研究，环境责任行为的测量参考了赵宗金等的研究。

二、数据收集

江苏南山竹海景区是国家 5A 级旅游区，作为生态景区既有竹林南山等自然环境，又有历史文化氛围，具有独特性，因此，本书选择该景区为案例地。

首先，将本初始问卷发给旅游专业专家阅读，依据其反馈进行修改。随后，对正式调研地先进行预调研以确保问卷的可靠性和有效性。预调研采用"问卷星"线上调研的方式，在 2023 年 3 月 25～30 日进行，共收回 106 份，剔除填写时间过短的问卷，得到有效问卷 92 份，有效率为 87%。使用 SPSS26.0 软件进行前测问卷信度分析，检验数据的内部一致性，将初始量表进行纯化。通过检验发现自然环境、文化氛围、敬畏感、小我、道德判断、道德意愿、一般环境行为和具体环境行为这 8 个变量的克朗巴哈系数 Cronbach's α 系数均大于 0.9，这说明信度非常好，题项与总分相关的系数 *CITC* 值均大于 0.4，这说明不需要删除题项，根据游客的建议和发放问卷时遇到的问题，修改有歧义的部分，形成最终的正式问卷。

正式问卷发放以游玩过南山竹海景区的游客为对象，采取网上调研和现场调研相结合的方式，数据收集时间为 2023 年 4 月 18～30 日，累计收回问卷 546 份，对答案相同、填写时间过短以及未通过注意力测试的问卷进行删除，最终得到有效问卷 483 份，问卷的有效回收率为 88%。

在 483 份有效样本中，男性样本有 240 人，女性样本有 243 人，性别分布均匀。样本中占比最高的是 26～35 岁（19%）的青壮年群体，其余为 56～65 岁（17.6%）、19～25 岁（17.2%）、36～45 岁（16.1%）、46～55 岁（14.9%），占比最小的是 18 岁（7.7%）及以下的青少年群体和 66 岁（7.5%）及以上的老年群体，这两个群体对于网络的使用较少，填写率不高。学历为大专（25.1%）的样本占比最高，然后依次是本科（23.4%）、高中中专（22.8%）、研究生（15.5%）、初中及以下（13.3%），总体符合南山竹海旅游景区的游客群体现状。从职业类型来看，公司／企业职工占比最高为 25.1%，其次为在校学生（24.6%）、离退休职员（20.9%）、私营业主（16.6%）、政府机关／事业单位（11.4%）、其他（1.4%）。

这也符合南山竹海旅游景区特点，南山竹海主要是休闲放松的地方，上班族在休息日会选择来此景区休憩。从游客居住地来看，南山竹海游客大多数来自江苏省内城市，28.2% 来自溧阳市本地，49.7% 来自江苏省其他城市。从平均月收入来看，月收入在 4001 ～ 6000 元的游客占比最高为 24.2%，其次为 2001 ～ 4000元（24%）、6001 ～ 8000 元（23%）、8000 元及以上（15.9%）、2000 元及以下（12.8%）。

第四节　数据分析与结果

一、*KMO*和巴特利特检验

为了判断收集到的数据是否适合做因子分析，使用 SPSS26.0 软件做数据的可用性和适应性的指标 *KMO* 和巴特利特检验。*KMO* 值为 0.847 ＞ 0.8，巴特利特检验的显著性值为 0.000 ＜ 0.05，说明显著，近似卡方值较大为 3355.935。综合以上表明，量表适合做后续的因子分析。

二、验证性因子分析

使用 AMOS26.0 软件进行验证性因子分析（CFA），选取相应指标检验模型的聚合效度。验证性因子分析结果如表 6-1 所示。首先，问卷对变量标准化因子载荷均大于 0.5，且均在 0.001 的水平上显著，这表明测量量表具有较高的收敛效度。其次，拟合优度的卡方检验 ζ^2=695.377（P<0.01）；卡方自由度比值 ζ^2/df=1.071；近似误差均方根 *RMSEA*=0.012；拟合优度指数 *GFI*=0.931；调整拟合优度指数 *AGFI*=0.922；*NFI*=0.932；*RFI*=0.927；增量拟合指数 *IFI*=0.995；Tucker-Leweis 指数 *TLI*=0.995；比较拟合指数 *CFI*=0.995，指标均符合规定标准，具有较好的拟合效果。最后，所有变量的组合信度 *CR* 值均大于 0.7，平均方差抽取量 *AVE* 均大于 0.5，这说明该模型具有良好的稳定性。

表6-1 验证性因子分析结果

变量与问项	因子载荷	克朗巴哈系数	组合信度（CR）	平均方差抽取量（AVE）
标准	>0.5	>0.7	>0.5	>0.7
自然环境				
身处南山竹海让我感觉到其自然景观气势磅礴、秀美绮丽	0.733	0.83	0.57	0.83
身处南山竹海让我感受到其自然景观形成的时光漫长	0.775			
身处南山竹海让我感受到其自然力量的神奇强大	0.773			
身处南山竹海让我感受到在大自然中我的力量是微弱的	0.699			
文化氛围				
身处南山竹海让我感受到历史文化的伟大	0.767	0.86	0.56	0.86
身处南山竹海让我感受到精妙的历史文化艺术	0.743			
身处南山竹海让我感受到悠久的历史文化传统	0.741			
身处南山竹海让我感受到自己在历史文化建筑面前力量是微弱的	0.753	0.86	0.56	0.86
身处南山竹海让我感受到自己在历史文化建筑面前要保持谦卑	0.729			
敬畏感				
在南山竹海旅游时，我的感受是（平静的—震撼的）	0.761	0.896	0.59	0.9
在南山竹海旅游时，我的感受是（无聊的—惊奇的）	0.791			
在南山竹海旅游时，我的感受是（厌倦的—激动的）	0.779			
在南山竹海旅游时，我的感受是（无印象的—难忘的）	0.782			
在南山竹海旅游时，我的感受是（平常的—独特的）	0.742			
在南山竹海旅游时，我的感受是（藐视的—崇敬的）	0.757			

续表

变量与问项	因子载荷	克朗巴哈系数	组合信度（*CR*）	平均方差抽取量（*AVE*）
小我				
身处南山竹海使我感觉到存在比我更浩大的事物	0.808	0.883	0.61	0.88
身处南山竹海使我感觉到自己是某个更大实体的一部分	0.779			
身处南山竹海使我感觉到自己是某个更大整体的一部分	0.789			
身处南山竹海使我感觉到存在比我自身更强大的东西	0.741			
身处南山竹海使我感觉自己很渺小	0.773			
道德判断				
身处南山竹海我知道违反景区环保规章制度的严重性	0.781	0.893	0.63	0.9
身处南山竹海我知道破坏旅游地资源和生态环境的严重性	0.813			
身处南山竹海我知道造成环境污染的严重性	0.765	0.893	0.63	0.9
身处南山竹海我知道逃票行为的严重性	0.781			
身处南山竹海我知道拥挤和争吵行为的严重性	0.828			
道德意愿				
身处南山竹海我违反景区环保规章制度的可能性	0.748	0.879	0.59	0.88
身处南山竹海我破坏旅游地资源和生态环境的可能性	0.773			
身处南山竹海我造成环境污染的可能性	0.765			
身处南山竹海我逃票行为的可能性	0.771			
身处南山竹海我拥挤和争吵行为的可能性	0.793			
具体环境行为				
我看到垃圾会主动捡起	0.787	0.813	0.6	0.82
我看到破坏景区行为会主动上前制止	0.757			
有净化景区的相关活动我会参加	0.77			

续表

变量与问项	因子载荷	克朗巴哈系数	组合信度（CR）	平均方差抽取量（AVE）
一般环境行为				
我会尝试如何解决景区的环保问题	0.829			
我会阅读有关景区环保问题的书籍、广告等	0.836			
我会和他人讨论景区环保问题	0.813	0.813	0.68	0.91
我会说服同伴采取积极行为，保护景区自然环境	0.824			
我不会破坏景区的环境	0.829			
模型拟合指标：拟合优度的卡方检验 ζ^2=695.377（$P<0.01$）；卡方自由度比值 ζ^2/df=1.071；近似误差均方根 $RMSEA$=0.012；拟合优度指数 GFI=0.931；调整拟合优度指数 $AGFI$=0.922；增量拟合指数 IFI=0.995；Tucker-Leweis 指数 TLI=0.995；比较拟合指数 CFI=0.995				

由表 6-2 可知，研究的所有变量之间都呈正相关关系，且相关系数均在 $P < 0.001$ 上显著，全部变量平均方差抽取量 AVE 的平方根在 $0.746 \sim 0.826$，并且大于其他变量的相关系数，因此该模型各变量间的区分效度良好。

表6-2　变量相关性与区别效度检验

变量	1	2	3	4	5	6	7	8
自然环境	0.556							
文化氛围	0.143	0.558						
敬畏感	0.365	0.324	0.591					
小我	0.095	0.084	0.260	0.606				
道德判断	0.145	0.129	0.398	0.378	0.630			
道德意愿	0.098	0.087	0.270	0.372	0.196	0.593		
具体环境	0.048	0.043	0.132	0.212	0.363	0.141	0.595	
一般环境	0.161	0.143	0.442	0.504	0.543	0.421	0.228	0.683
AVE 平方根	0.746	0.747	0.769	0.778	0.794	0.770	0.771	0.826

三、结构模型检验

如表 6-3 可知，模型中有 12 条路径显著，3 条路径不显著。具体为：①自然环境对敬畏感的标准化估计值为 0.448（$P < 0.001$），这表明自然环境对敬畏感有正向影响，即 H1 成立；文化氛围对敬畏感的标准化估值为 0.254（$P < 0.001$），这表明文化氛围对敬畏感有正向影响，即 H2 成立。②敬畏感对小我的标准化估计值为 0.278（$P < 0.001$），这表明敬畏感对小我有正向影响，即 H3 成立；敬畏感对道德判断的标准化估计值为 0.338（$P < 0.001$），这表明敬畏感对道德判断有正向影响，即 H4a 成立；敬畏感对道德意愿的标准化估计值为 0.205（$P < 0.001$），这表明敬畏感对道德意愿有正向影响，即 H4b 成立；敬畏感对具体环境行为的标准化估计值为 -0.037（$P=0.514$），这表明敬畏感与具体环境行为之间没有直接影响关系，H5a 不成立；敬畏感对一般环境行为的标准化估计值为 0.205（$P < 0.001$），这表明敬畏感与一般环境行为有正向影响，H5b 成立。③小我对具体环境行为的标准化估计值为 0.066（$P=0.232$），这表明小我与具体环境行为之间没有直接影响关系，H6a 不成立；小我对一般环境行为的标准化估计值为 0.257（$P < 0.001$），这表明小我对一般环境行为有正向影响，H6b 成立。④道德判断对具体环境行为的标准化估计值为 0.316（$P < 0.001$），这表明道德判断对具体环境行为有正向影响，H7a 成立；道德判断对一般环境行为的标准化估计值为 0.345（$P < 0.001$），这表明道德判断对一般环境行为有正向影响，H7b 成立；道德意愿对具体环境行为的标准化估计值为 0.051（$P=0.311$），这表明道德意愿和具体环境行为之间没有直接影响关系，H7c 不成立；道德意愿对一般环境行为的标准化估计值为 0.21（$P < 0.001$），这表明道德意愿对一般环境行为有正向影响，即 H7d 成立。⑤小我对道德判断的标准化估计值为 0.29（$P < 0.001$），这表明小我对道德判断有正向影响，即 H10a 成立；小我对道德意愿的标准化估计值为 0.333（$P < 0.001$），这表明小我对道德意愿有正向影响，即 H10b 成立。

表6-3　变量之间的路径系数及假设检验结果

路径名称	假设路径			标准化路径系	估计参数的标准误（S.E.）	临界比（C.R.）	估计参数的标准误（P）	结果
H1	敬畏感	<---	自然环境	0.448	0.072	6.197	***	显著
H2	敬畏感	<---	文化氛围	0.254	0.046	5.521	***	显著
H3	小我	<---	敬畏感	0.278	0.055	5.077	***	显著
H4a	道德判断	<---	敬畏感	0.338	0.052	6.467	***	显著
H4b	道德意愿	<---	敬畏感	0.205	0.056	3.678	***	显著
H5a	具体环境	<---	敬畏感	−0.037	0.056	−0.653	0.514	不显著
H5b	一般环境	<---	敬畏感	0.205	0.049	4.175	***	显著
H6a	具体环境	<---	小我	0.066	0.055	1.196	0.232	不显著
H6b	一般环境	<---	小我	0.257	0.048	5.334	***	显著
H7a	具体环境	<---	道德判断	0.316	0.057	5.505	***	显著
H7b	一般环境	<---	道德判断	0.345	0.05	6.978	***	显著
H7c	具体环境	<---	道德意愿	0.051	0.051	1.013	0.311	不显著
H7d	一般环境	<---	道德意愿	0.21	0.044	4.732	***	显著
H10a	道德判断	<---	小我	0.29	0.049	5.948	***	显著
H10b	道德意愿	<---	小我	0.333	0.054	6.179	***	显著

注：*** 表明 P 在小于 0.001 的水平上显著；** 表明 P 在小于 0.01 的水平上显著；* 表明 P 在小于 0.05 的水平上显著。

四、中介效应检验

根据研究假设，构建第一个链式结构方程模型，探究敬畏感、小我、道德判断以及具体环境行为之间四个变量之间的关系，具体拟合结果：卡方自由度比值 $\zeta^2/\mathrm{d}f$=1.162 < 3.00，近似误差均方根 RMSEA=0.018 < 0.05，拟合优度指数 GFI=0.965 > 0.90，调整拟合优度指数 AGFI=0.955 > 0.90，规范拟合指数 NFI=0.965 > 0.90，RFI=0.959 > 0.90，增量拟合指数 IFI=0.995 > 0.90，Tucker-Leweis 指数 TLI=0.994 > 0.90，比较拟合指数 CFI=0.995 > 0.90，符合建议值的要求。

根据研究假设，构建第二个链式结构方程模型，探究敬畏感、小我、道德意愿以及具体环境行为之间四个变量之间的关系，具体拟合结果：卡方自由度比值 ζ^2/df=1.099 < 3.00，近似误差均方根 $RMSEA$=0.014 < 0.05，拟合优度指数 GFI=0.967 > 0.90，调整拟合优度指数 $AGFI$=0.957 > 0.90，规范拟合指数 NFI=0.965 > 0.90，增量拟合指数 IFI=0.997 > 0.90，Tucker-Leweis 指数 TLI=0.996 > 0.90，比较拟合指数 CFI=0.997 > 0.90，符合建议值的要求。

根据研究假设，构建第三个链式结构方程模型，探究敬畏感、小我、道德判断以及一般环境行为之间四个变量之间的关系，具体拟合结果：卡方自由度比值 ζ^2/df=1.168 < 3.00，近似误差均方根 $RMSEA$=0.019 < 0.05，拟合优度指数 GFI=0.960 > 0.90，调整拟合优度指数 $AGFI$=0.950 > 0.90，规范拟合指数 NFI=0.965 > 0.90，增量拟合指数 IFI=0.995 > 0.90，Tucker-Leweis 指数 TLI=0.994 > 0.90，比较拟合指数 CFI=0.995 > 0.90，符合建议值的要求。

构建第四个链式结构方程模型，探究敬畏感、小我、道德意愿以及一般环境行为之间四个变量之间的关系，具体拟合结果：卡方自由度比值 ζ^2/df=1.200 < 3.00，近似误差均方根 $RMSEA$=0.020 < 0.05，拟合优度指数 GFI=0.959 > 0.90，调整拟合优度指数 $AGFI$=0.949 > 0.90，规范拟合指数 NFI=0.963 > 0.90，增量拟合指数 IFI=0.994 > 0.90，Tucker-Leweis 指数 TLI=0.993 > 0.90，比较拟合指数 CFI=0.994 > 0.90，符合建议值的要求。

由表 6-4 可知，敬畏感→小我→道德判断→具体环境行为、敬畏感→小我→道德意愿→具体环境行为、敬畏感→小我→道德判断→一般环境行为、敬畏感→小我→道德意愿→一般环境行为四个链式中介中，敬畏感→小我→道德意愿→具体环境行为的置信区间包含 0，其链式中介效应不显著，即 H11c 不成立，其余链式中介的置信区间均不包含 0，其链式中介效应显著，即 H11a、H11b、H11d 成立。

特定中介效应检验中，第一个链式中介特定间接效应中，敬畏感→小我→具体环境行为的置信区间包含 0，其路径的间接效果不显著，其余路径显著，即 H8a 不成立、H9a 成立；第二个链式中介特定间接效应中，路径的间接效果均不显著，即 H8a、H9c 不成立；第三个链式中介特定间接效应中，路径的间接效果均显著，即 H8b、H9b 成立。

表6-4　中介效应检验结果

效应	路径	点估计值	标准误（SE）	置信区间 95%CI 下限	置信区间 95%CI 上限
总效应	敬畏感→具体环境行为	0.133	0.055	0.028	0.244
直接效应	敬畏感→具体环境行为	0.021	0.021	−0.02	0.063
总间接效应		0.166	0.031	0.112	0.236
特定间接效应1	敬畏感→小我→具体环境行为	0.024	0.016	−0.003	0.062
特定间接效应2	敬畏感→道德判断→具体环境行为	0.011	0.027	0.07	0.176
特定间接效应3	敬畏感→小我→道德判断→具体环境行为	0.027	0.009	0.014	0.048
总效应	敬畏感→具体环境行为	0.133	0.022	0.027	0.245
直接效应	敬畏感→具体环境行为	0.066	0.057	−0.047	0.181
总间接效应		0.067	0.055	−0.030	0.119
特定间接效应1	敬畏感→小我→具体环境行为	0.045	0.018	−0.016	0.090
特定间接效应2	敬畏感→道德意愿→具体环境行为	0.015	0.012	−0.004	0.046
特定间接效应3	敬畏感→小我→道德意愿→具体环境行为	0.007	0.006	−0.002	0.020
总效应	敬畏感→一般环境行为	0.506	0.059	0.395	0.625
直接效应	敬畏感→一般环境行为	0.252	0.053	0.153	0.364
总间接效应		0.254	0.040	0.184	0.340
特定间接效应1	敬畏感→小我→一般环境行为	0.095	0.024	0.054	0.147
特定间接效应2	敬畏感→道德判断→一般环境行为	0.129	0.027	0.083	0.191
特定间接效应3	敬畏感→小我→道德判断→一般环境行为	0.031	0.009	0.017	0.054
总效应	敬畏感→一般环境行为	0.506	0.059	0.118	0.246
直接效应	敬畏感→一般环境行为	0.332	0.053	0.232	0.441
总间接效应		0.175	0.032	0.118	0.246
特定间接效应1	敬畏感→小我→一般环境行为	0.103	0.025	0.060	0.157
特定间接效应2	敬畏感→道德意愿→一般环境行为	0.049	0.017	0.022	0.092

续表

效应	路径	点估计值	标准误（SE）	置信区间 95%CI	
				下限	上限
特定间接效应3	敬畏感→小我→道德意愿→一般环境行为	0.022	0.008	0.011	0.042

本章小结

基于情绪评价理论和敬畏原型理论构建出生态景区提升游客环境责任行为的路径模型，本书以南山竹海景区为案例地，深入研究敬畏感、小我、道德规范和游客环境责任行为的关系，得出以下结论：

第一，自然环境和文化氛围激发了游客的敬畏感。研究结果验证了田野等和祁潇潇等得出的结论，即游客的敬畏感受到自然环境和文化氛围的双重影响。根据情绪评价理论，情绪的产生受到评价的影响，个体在不同的环境下产生不同的评价，进而诱发不同的情绪，敬畏感来自对宏大事物的惊奇体验，从而产生的顺应需要。在生态型景区中，游客基于环境做出的评价会产生不同的情绪。敬畏感是在旅途中最常产生的情绪，当游客面对辽阔的竹林与壮美的南山等自然环境时会产生复杂的情绪体验，从而最终导致特定的行为、态度。由于南山竹海的特殊性，景区内还有文化氛围的因素在内，而游客来到景区主要是为了观赏竹林与南山，所以，自然环境的路径系数大于文化氛围的路径系数，符合实际。

第二，敬畏感对小我和道德规范具有正向影响作用。研究显示，生态景区的游客被诱发的敬畏感会导致小我意识的产生，同时提高游客的道德规范。依据现有研究，本书将道德规范分为道德判断和道德意愿，全面揭示了敬畏感与道德判断和道德意愿之间的关系和实现路径。经检验，发现敬畏感对道德判断的影响程度要大于道德意愿，这可能是因为游客在旅途中产生敬畏感后，会根据自己所遵守的道德准则，做出更加严格的道德判断来要求自己。这与已有研究指出敬畏感会使个体产生自我渺小的感觉，并且更多地关注周围的环境，促进游客道德判断和道德意愿的提升的结论相呼应。

第三，敬畏感、小我、道德规范可以正向影响一般环境行为。研究结果显示，敬畏感、小我和道德意愿不能实现游客产生具体环境行为，仅游客产生道德判断才可产生具体环境行为。一般环境行为是游客可能尝试为景区做出间接性行为，而具体环境行为是游客具体会为景区做出直接性行为。该结论与已有研究成果的结论相契合，即产生敬畏情绪的游客会正向影响其实施保护环境的行为。同时，进一步证实了小我和道德规范可以让游客尝试做出保护景区的行为，这与吕丽辉等学者的研究结果相似，即道德规范可以提升游客文明旅游意向和环境责任行为。本章研究揭示了游客敬畏感的局限性，在生态景区敬畏感只能影响游客间接保护环境的行为，细化了小我和道德规范对游客环境责任行为的路径研究。对具体环境行为不显著的原因可能是游客自身更希望别人能够实施具体的环境行为，更愿意遵从自身出游的最大化享乐原则，因此可能不会付诸对直接保护环境的行为。

第四，小我和道德规范分别在敬畏感和游客一般环境行为中起中介作用，与此同时，小我和道德规范在敬畏感和一般环境行为中起链式中介作用。首先，关于小我的研究结果与美国心理科学家皮夫（Piff）等的研究相呼应，即产生敬畏感的个体会通过小我提升其亲社会行为的实施，保护环境为亲社会行为的重要组成部分。本书将小我的概念引入旅游领域，当被诱发敬畏感的游客产生小我意识时，会降低个体对自我相关目标和个人利益的重视程度，并将自己视为自然的一部分，更加关注自然的利益。同时，游客在敬畏感被激发的情况下，会更加遵守道德规范，以及做出符合道德的判断，使自己的道德水平得到提升，这可能是因为道德判断是个体对行为是非善恶的评价，能够让游客更加直接地实施环境责任行为。其次，研究显示小我能够提升游客的道德规范，即游客产生了小我意识后，会产生更加严格的道德判断，增强道德意识。这可能是因为道德判断、道德意愿是道德行为即亲社会行为的一种，已有结论证实了小我对亲社会行为具有正向作用，本书实证得出了小我对道德判断和道德意愿的作用机制，论证了小我和道德规范在敬畏情绪和一般环境行为中的链式中介作用，将道德规范细分成道德判断和道德意愿，最终得出小我和道德判断在敬畏感和具体环境行为中的链式中介作用相较于其他较为显著。这说明被诱发敬畏感的游客会产生小我意识、提升其道德判断，进而主动做出保护景区的行为。

本章内容的理论贡献在于：首先，基于情绪评价理论和敬畏原型理论丰富和拓展了通过情感路径来影响游客环境责任行为的相关研究，探讨了生态景区下敬畏感的诱发因素，引导游客自觉采取亲环境行为，填补了相关研究的空白，为旅游的可持续发展作出贡献。其次，基于已有关于敬畏感下小我的研究，敬畏感与亲社会行为的关系研究，本书将环境责任行为视为一种亲社会行为，填补了小我与环境责任行为关系的研究空白。本书将环境责任行为划分为一般环境行为和具体环境行为，更加全面地分析敬畏感、小我与游客环境责任行为之间的关系，最终得出敬畏感、小我仅对一般环境行为产生影响。最后，本书首次尝试探索小我与道德规范之间的关系，得出小我对道德判断和道德意愿均有正向影响，这说明游客产生小我意识能够使其更加严格规范自己，保护环境。

　　本章内容的管理启示在于：首先，景区应当从情绪影响角度来提升游客自发形成环境责任行为。国家对于游客的负环境行为出台了许多措施，但破坏行为依然随处可见，本章研究启示景区与其使用惩罚措施来限制和约束游客行为，不如让游客产生敬畏感主动实施环境责任行为。本章同时为景区激发游客敬畏感提供了思路。景区可以通过持续维护自然风光，保护其生态环境，加大文化宣传形象，宣传与其相关的文化活动，使游客能够体会到南山竹海景区带来的独特的自然环境和文化氛围，从而有效地促进游客敬畏感的激发。其次，研究结论暗示景区可以通过激发游客敬畏感来提高游客的道德判断水平，游客道德判断的提高有助于游客在非惯常旅游途中道德行为的产生，促使游客更加严格地遵守道德准则，从而增加游客的具体环境行为，直接实施对景区有益的行为。景区可以通过设置大屏幕等方式，将游客负环境行为展示在公众面前，让游客充分认识到不道德行为的错误，而不是让道德观念浮于表面，不付诸行动。

　　本章内容的不足之处在于：首先，只选择了南山竹海景区作为案例地来探讨敬畏感诱发源、小我、道德规范各维度和环境责任行为各维度之间的关系，由于不同类型的景区中游客产生的敬畏感、小我、道德规范和环境责任行为会随之变化，各变量之间的关系也可能不同，因此，需要选取更多的景区进行深入研究以说明各变量之间关系的完整性。其次，本章收集的数据量较少，可能具有片面性，因此有必要获取更多的数据来验证假设的真实性。最后，本章采用的实地问卷调查法，可能使游客在填写问卷时偏向于对自己有益的选项，感受较积极，影响研究结论的真实性，未来可采用其他方法进行研究。

第七章　自豪感、怀旧感对游客文化遗产保护行为的影响

　　"文化是一个国家、一个民族的灵魂"，而文化遗产则是一个民族、国家的文化和身份的象征。时至今日，文化遗产的"旅游式活化"已经成为实现旅游发展与文化遗产的"双向奔赴"的多元路径。然而，随着遗产旅游的不断发展，游客在旅游过程中出现的诸如随意刻画、触摸文物、破坏古迹等破坏文化遗产的行为，给遗产地造成了严重的不良影响。因此，促进游客在旅游过程中实施相应的文化遗产保护行为，就成为实现遗产旅游目的地保护和可持续发展的关键策略。

　　已有研究指出，环境责任行为可分为普通环境责任行为和特殊场合环境责任行为。作为一种特殊场合环境责任行为，文化遗产保护行为是指游客在旅游活动中出于内心的约束自发维护文化遗产资源的一系列行为。关于文化遗产保护行为的影响因素，已有研究证明，文保态度、地方依恋、旅游涉入、感知价值、文化遗产态度、文化氛围、旅游体验和真实性等均可促进游客的遗产地保护行为。由此可以看出，现有研究更多的是从态度、感知等视角展开，情感因素考量不足，尤其是自豪感、怀旧感等情感功能长期被忽视。因此，本书基于规范激活理论，纳入自豪感和怀旧感情感变量，构建文化遗产旅游情境下游客遗产保护行为的理论分析框架，探索驱动游客实施文化遗产保护行为的作用机制。

第一节 文献回顾

一、自豪感

自豪感是一个人在实现目标、取得成功时，个体主动进行内部归因后而产生的一种积极情感体验。依据对象差异，自豪感可分为源于个体自豪感和集体自豪感。中国是具有集体主义文化传统的国家，个体的自豪感常常来源于集体自豪感。依据个人对于自豪感的不同归因，自豪感的维度被划分为 Alpha 型自豪（为自己感到骄傲）和 Beta 型自豪（为行为感到骄傲）、自豪和自大、自大型自豪和成就导向型自豪、真实自豪和自大自豪等不同的二维结构。自我报告法是测量自豪感最常采用的一种方法，主要的测量量表有用以测量 Alpha 型自豪和 Beta 型自豪的《自我意识情感测量量表》和用以测量真实自豪感和自大自豪感 Tracy 的《自豪感形容词评定量表》，此量表既可以作为状态自豪感，又可以作为特质自豪感的测量。该量表经杨玲等的修订后更适合测量中国文化下个体的自豪感水平。李静思在整合自豪感双维结构理论的基础上，编制了包含个体真实自豪、个体自大自豪、社会性真实自豪和社会性自大自豪四个维度的测量量表。

在旅游学领域，已有研究证实，旅游地社会责任信息框架能对游客自豪感产生显著影响，自豪感正向影响游客环境责任行为意向，对环境责任行为的驱动力较强，能够将高度的情感能量转化为具体的文化传播行为。此外，自豪感还正向影响旅游目的地居民的品牌大使行为。

二、怀旧感

在 20 世纪 50 年代前，怀旧感一直在医学领域被使用，并被视为一种生理疾病。50 年代后，怀旧感开始被其他学科赋予了广泛的内涵，被解释为一种情感、情绪等。怀旧感是一种既包含高兴、快乐等正面情绪，又包含痛苦、悲伤等负面情绪的复杂的混合情绪。这种情绪体验源自对过去的渴望与向往，与个体的记忆紧密相关。学者从不同的层面和视角出发，对怀旧感的维度进行了类型分析，如美国社会学家戴维斯（Davis）从社会层面将怀旧感分为个人怀旧和集体怀旧，美国学者斯特恩（Stern）从文化层面将怀旧感分为个人怀旧和历史怀旧，美国西肯塔基大学的教授贝克（Baker）等同时考虑时代和人群两个变量，将怀旧感分为真实怀旧、模拟怀旧和共同怀旧，韩国学者赵熙台（Heetae）等结合旅游情境，结合结构和目的两个维度，将怀旧感分为旅游体验怀旧、旅游社会化怀旧、旅游个人认同怀旧以及旅游集体认同怀旧。旅游学领域对于怀旧情感的测量，主要在借鉴消费者怀旧情感量表的基础上，使用具有不同旅游情境特征的旅游怀旧量表。例如，黄宗成等的主题餐厅怀旧情感量表、中国台湾学者叶世贤（Yeh）等的文化旅游怀旧情感量表、中国台湾学者陈宏斌（Chen）等的遗产旅游怀旧情感量表、土耳其学者阿里（Ali）等的博物馆怀旧情感量表等，此外，薛婧结合中国游客的消费特征，编制了中国旅游情境下的游客怀旧量表。

关于怀旧情感的作用效果，在旅游学领域已有研究证实人口统计变量、怀旧倾向、诱发情境和旅游吸引物的怀旧特征等均会影响怀旧情感，怀旧情感不但能够对地方依恋、主观幸福感等情感有积极影响，还会显著影响游客的环境责任行为。

第二节　研究假设与模型

一、后果意识、责任归属、道德规范与游客文化遗产保护行为

作为一种特殊场合环境责任行为，文化遗产保护行为是指游客在旅游活动中出于内心的约束自发维护文化遗产资源的一系列行为。在文化遗产旅游情境中，当游客意识到不采取遗产保护行为可能导致景区的历史、文化和艺术价值被破坏的消极后果（即结果意识）时，就可能激发其对这些消极后果的责任归属感，即认为包括自己在内的游客群体应该共同为不保护文化遗产行为造成的消极后果负

责任，而游客的责任归属感被激活后，可能会进一步激活游客的道德规范。另外，游客意识到不采取文化遗产保护行为也可能会直接激发其道德规范。后果意识对责任归属、责任归属对道德规范、后果意识对道德规范的正向促进作用，已经在不同的旅游情境中得到验证。此外，在文化遗产旅游情境中，游客认知的保护行为对文化遗产保护的重要性、历史文化传承的道德义务性、未采取文化遗产保护行为的愧疚感等可能会转化为游客保护行为。冯萍等以世界文化遗产福建土楼为例，研究证实道德规范显著正向影响文化遗产保护行为。基于此，本书提出如下假设：

H1：游客后果意识正向影响其责任归属。

H2：游客责任归属正向影响其道德规范。

H3：游客后果意识正向影响其道德规范。

H4：游客道德规范正向影响其遗产保护行为。

二、自豪感与道德规范、游客文化遗产保护行为

自豪感是一个人在实现目标、取得成功时，个体主动进行内部归因后而产生的一种积极情感体验。自豪感是一种重要的正性道德情绪，能够使人们对社会性结果产生责任感，并激励人们的行为符合社会价值要求，从而提升人们的道德规范。中国是具有集体主义文化传统的国家，个体的自豪感常常来源于集体自豪感。我国文化底蕴深厚，文化自信是国家自豪感的重要来源。在文化遗产旅游情境中，文化遗产精美卓绝的造像、龙腾云起的历史事迹以及展现出的中华民族开放包容、奋发进取的精神，都会激发游客对中国文化的自信和对国家认同的自豪感，这种自豪感可能会促进其道德发展，使其感受到道德责任，即感受到文化遗产保护行为对文化遗产保护的重要性、历史文化传承的道德义务性、未采取保护行为的愧疚感等。自豪感可以强化亲社会行为，旅游体验中产生的自豪感正向影响游客环境责任行为意向，对环境责任行为的驱动力较强。基于此，本书提出如下假设：

H5：游客的自豪感正向影响其道德规范。

H6：游客的自豪感正向影响其文化遗产保护行为。

三、怀旧感与道德规范、游客文化遗产保护行为

怀旧感作为一种正向体验，可以增强社会联结、提升存在意义感，能够增强自尊、归属感、自我统一感和社会支持。道德规范是个体参与亲社会行为过程中所感受到的道德责任。已有研究发现，怀旧感可以使个体更倾向于道义论反应，并且显著正向影响个体的道德判断。由此推断在旅游情境下怀旧感可以提升游客的道德规范。怀旧感可以正向预测并增加个体的亲社会行为。在旅游学领域，怀旧情感对游客环境责任行为的影响，已经在乡村旅游、古村落旅游等情境中得到验证。基于此，本书提出如下假设：

H7：游客的怀旧感正向影响其道德规范。

H8：游客的怀旧感正向影响其文化遗产保护行为。

根据上述理论假设，构建文化遗产景区游客"自豪感、怀旧感 + 规范激活模型"关系模型，综合探讨自豪感、怀旧感对游客文化遗产保护行为的影响机制，如图 7-1 所示。

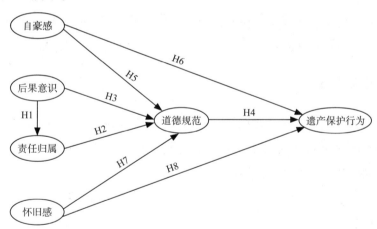

图7-1　概念模型图

第三节　研究设计与数据收集

一、假设变量测量

为了提高概念操作化的可信度与可靠性，各变量的测量均以已有文献中使用过成熟量表为基础，结合洛阳龙门石窟景区的实际情况，通过专家访谈及前测调整最终形成正式问卷。对责任归属的测量主要参考了美国学者瓦斯克（Vaske）等、韩国学者韩熙燮（Han）等的研究，对道德规范的测量主要参考了郭清卉等、伊朗学者罗霍拉（Rezaei）等的研究，对自豪感的测量主要参考了美国学者史密斯（Smith）等、张莹瑞的研究，对怀旧感的研究主要参考了土耳其学者阿里（Ali）等、中国台湾学者陈宏斌（Chen）等、侯志强等的研究，对文化遗产保护行为的测量主要参考了苏勤等、柳红波等、吴巧芳等的研究，受访游客基于李克特五分法回答各问项。

二、数据收集

洛阳龙门石窟是世界文化遗产，国家 5A 级旅游景区。龙门石窟的雕刻艺术精湛，内容题材丰富，规模宏大，气势磅礴，有"中国石刻艺术的最高峰"之称，因此本书选择该景区为案例地。

本研究为保证调研问卷的可信度和有效性，采用方便抽样法，选择龙门石窟景区的出口处进行问卷调研，以保证被调研者游玩结束，可以发表其真实的想法。问卷调研时间为 2024 年 1 月 21 日到 2024 年 1 月 22 日，前测问卷一共发放了 100 份，收回有效问卷 95 份，有效率达 95%。使用 SPSS 26.0 软件进行前测问卷的信度分析，检验数据的内部一致性，将初始量表进行纯化。分析信度时，根据题项与总分相关的系数 $CITC$ 值及克朗巴哈系数 Cronbach's α 系数值为衡量标准，剔除不具有代表性意义的问卷题项。通常认为题项与总分相关的系数 $CITC$ 值大于 0.4，克朗巴哈系数 Cronbach's α 值大于 0.7，采用的量表能够保持良好的可靠性和稳定性。基于以上测量原则，对有效前测问卷进行信度分析，结果表示后果意识、责任归属、道德规范、遗产保护行为、自豪感与怀旧感这 6 个变量分量表的题项与总分相关的系数 CITC 值均大于 0.4 且在 0.6 以上，克朗巴哈系数 Cronbach's α 值均大于 0.7 且在 0.8 以上，由此可见，量表具有稳定性，因此无须修改，形成最终的正式问卷。

　　正式调研也采用方便抽样法，为保证填写问卷的游客全部结束游览，问卷发放地点选择在龙门石窟景区出口，从 2024 年 1 月 29 日至 2 月 3 日，共发放问卷 400 份，收回有效问卷 382 份。问卷中所包含的人口统计学特征由性别、年龄、学历、月收入、职业、居住地、前往龙门石窟次数、对龙门石窟的了解程度组成，具体统计特征描述如表 7-1 所示。由表可知，在 382 份有效样本中，男女比例为女性（34.8%）小于男性（65.2%）；年龄 19 ～ 30 岁（40.0%）的游客的比例最高，其余是 18 岁以下（8.1%）、31 ～ 45 岁（33.2%）、46 ～ 60 岁（13.4%）和 61 岁以上（5.3%）。可见，青年人是游览龙门石窟景区的主体。学历在本科（42.7%）和研究生（26.7%）的人群较多；月收入为 3001 ～ 6000 元（40.8%）的游客最多；观赏龙门石窟景区游客的职业大部分是学生（27.0%），其次是教师（16.5%）；游客大多数来自河南省外（69.4%）。总体而言，从人口统计学特征描述性统计分析可以发现本次 382 名调研对象在分布上较为合理和均衡，与调研期间龙门石窟景区游客人群实际特征基本匹配，符合抽样统计要求，样本较为客观地反映了案例地游客的人口特征。

表7-1　正式样本统计特征描述

变量	选项	频率	百分比
性别	男	249	65.2
	女	133	34.8
年龄段	18 岁以下	31	8.1
	19 ～ 30 岁	152	40.0
	31 ～ 45 岁	127	33.2
	46 ～ 60 岁	51	13.4
	61 岁以上	21	5.3

续表

变量	选项	频率	百分比
学历	高中中专	36	9.4
	大专	81	21.2
	本科	163	42.7
	研究生	102	26.7
月收入	3000元及以下	112	29.3
	3001~6000元	156	40.8
	6001~9000元	85	22.3
	9001元及以上	29	7.6
职业	政府及事业单位人员	10	2.5
	企业员工	44	11.5
	医护人员	14	3.7
	工人	21	5.5
	教师	63	16.5
	学生	103	27.0
	自由工作者	54	14.1
	离退休人员	51	13.4
	其他	22	5.8
常住地	河南省	48	30.6
	河南省外	334	69.4

第四节　数据分析与结果

一、测量模型检验

假设检验前需先对模型进行拟合检验，通常采用 AMOS 中的适配度指标来进行，其中卡方自由度比（$\zeta^2/\mathrm{d}f$）小于 3。为了减小样本规模带来的影响，本书将其他适应性统计量用于拟合试验，增加了近似误差均方根（Root Mean Square Error of Approximation，*RMSEA*）、比较拟合指数（Comparative Fit Index，*CFI*）、正规拟合指数（Normed Fit Index，*NFI*）、增量拟合指数（incremental Fit Index，*IFI*）、Tucker-Leweis 指数（*TLI*）等作为参考。其中，*RMSEA* 数值越小，表示模型拟合度越好，当 *RMSEA* 指数小于 0.08 时，表明模型拟合较好。

本书选取卡方自由度比 ζ^2/df 值、拟合优度指数 *GFI* 值、调整拟合优度指数 *AGFI* 值、正规拟合指数 *NFI* 值、增量拟合指数 *IFI* 值、比较拟合指数 *CFI* 值、近似误差均方根 *RMSEA* 值来评价模型的拟合程度，具体模型的拟合结果如表 7-2 所示。由表可知，ζ^2/df = 1.195 < 3.00，拟合优度指数 *GFI*=0.944 接近 1，近似误差均方根 *RMSEA*=0.023 < 0.08，符合拟合标准的要求；正规拟合指数 *NFI*=0.955 > 0.90，增量拟合指数 *IFI*=0.992 > 0.90，比较拟合指数 *CFI*=0.992 > 0.90，符合拟合标准的要求；调整拟合优度指数 *AGFI*=0.928>0.80，符合拟合标准的要求。综合表 7-2 可以看出测量模型的拟合效果，所有适配度指标都比较理想，各项指标均达到标准，由此说明验证性因子模型拟合结果较好，同时具有良好的结构效度。

表7-2　验证性因子分析模型适配度指标拟合结果

拟合指标	卡方自由度比 ζ^2/df	拟合优度指数（*GFI*）	近似误差均方根（*RMSEA*）	调整拟合优度指数（*AGFI*）	正规拟合指数（*NFI*）	增量拟合指数（*IFI*）	比较拟合指数（*CFI*）
拟合标准	< 3.00	0~1	< 0.08	> 0.80	> 0.90	> 0.90	> 0.90
模型结果	1.195	0.944	0.023	0.928	0.955	0.992	0.992
拟合评价	合格	合格	合格	合格	合格	合格	合格

基于验证性因子分析，本书进一步检验收敛效度。在收敛效度方面，将平均方差抽取量 *AVE* 和组合信度 *CR* 两个值视为衡量指标，其中，*AVE*（平均方差抽取量）表达的是潜在变量对于指标变异量的解释水平，*CR*（组合信度）是对潜在构念的一致性进行评估。收敛效度的具体检验结果如表 7-3 所示，表中的 7 个潜变量因子各个题项的标准化载荷均大于 0.6 水平，这说明每个测量题项在因子内的解释力度良好；6 个潜变量的组成信度指标 *CR* 中，后果意识为 0.869，责

任归属为 0.885，道德规范为 0.837，遗产保护行为为 0.915，自豪感为 0.813，怀旧感为 0.938，均大于 0.6 的最低指标，这表明各题项的整体信度及内部一致性也较高。针对因子的聚合效度而言，6 个潜变量的平均方差抽取量（AVE）后果意识为 0.689，责任归属为 0.720，道德规范为 0.632，遗产保护行为为 0.683，自豪感为 0.591，怀旧感为 0.716，均大于 0.5 的最低标准，由此可见，各个潜变量内部的各个题项表现出较好的收敛效度。

表7-3　验证性因子分析测量题项收敛效度结果

因子	测量题项	因子载荷	估计参数的标准误（P）	组合信度（C.R.）	平均方差抽取量（AVE）
后果意识	如果不采取文化遗产保护行为，龙门石窟的艺术价值会受到削弱	0.87		0.869	0.689
	如果不采取文化遗产保护行为，龙门石窟的文化价值会被破坏	0.814	***		
	如果不采取文化遗产保护行为，龙门石窟的历史价值会被破坏	0.804	***		
责任归属	我认为自己应该对不保护文化遗产行为造成的消极后果负部分责任	0.849		0.885	0.720
	我认为游客应该对不保护文化遗产行为造成的消极后果负一定责任	0.847	***		
	我认为游客应该共同为不保护文化遗产行为造成的消极后果负责任	0.85	***		
道德规范	采取文化遗产保护行为以减少对龙门石窟的损害是很重要的	0.872		0.837	0.632
	在龙门石窟，我在道德上负有义务采取文化遗产保护行为	0.764	***		
	在龙门石窟，我会为未采取文化遗产保护行为而感到愧疚	0.743	***		
遗产保护行为	我积极参与龙门石窟文化遗产保护活动	0.821		0.915	0.683
	我会遵守法律规定不破坏龙门石窟的文化遗产	0.851	***		
	我遵守龙门石窟的文化遗产管理规定	0.833	***		
	我会极力劝阻破坏龙门石窟文化遗产的行为	0.806	***		
	我在游览时爱护龙门石窟的文化建筑	0.82	***		

续表

因子	测量题项	因子载荷	估计参数的标准误（P）	组合信度（C.R.）	平均方差抽取量（AVE）
自豪感	在龙门石窟游览时，景区精美的石刻造像让我感到自豪	0.758		0.813	0.591
	在龙门石窟游览时，景区讲述的历史事迹让我感到自豪	0.771	***		
	在龙门石窟游览时，景区宣传的中华民族开放包容、奋发进取的精神让我感到自豪	0.777	***		
怀旧感	我会联想到以前生活在这里的人	0.839		0.938	0.716
	我会联想到这里以前的生活场景	0.837	***		
	我欣赏这里的历史文化	0.84	***		
	我欣赏这里的历史建筑	0.831	***		
	我感觉我重温了这里的历史	0.869	***		
	我感觉我回到了以前的这里	0.859	***		

注：*** 表明 P 在小于 0.001 的水平上显著。

基于验证性因子分析，本书进行区分效度的检验，具体的检验结果如表 7-4 所示，表明各个潜变量之间的测量具有很好的区分效度。

表7-4 验证性因子分析区分效度结果

因子	后果意识	责任归属	道德规范	遗产保护行为	自豪感	怀旧感
后果意识	0.830					
责任归属	0.608***	0.849				
道德规范	0.420***	0.380***	0.795			
遗产保护行为	0.379***	0.363***	0.316***	0.826		
自豪感	0.311***	0.281***	0.259***	0.355***	0.769	
怀旧感	0.193***	0.197***	0.203***	0.316***	0.214***	0.846

注：*** 表明 P 在小于 0.001 的水平上显著。

二、结构方程检验

本书运用最大似然法（Maximum Likehood，ML）对结构方程模型进行检验，通过观察 P 值是否达到显著性水平，来检验变量间的假设关系。整体结构方程模型路径检验结果如表 7-5 所示。

表7-5 整体结构方程模型路径检验结果

路径		标准化路径系数	估计参数的标准误（ $S.E.$ ）	临界比（ $C.R.$ ）	估计参数的标准误（ P ）	假设
H1	后果意识→责任归属	0.614	0.054	11.032	<0.001	成立
H2	责任归属→道德规范	0.161	0.064	2.239	0.025	成立
H3	后果意识→道德规范	0.252	0.066	3.308	<0.001	成立
H4	道德规范→遗产保护行为	0.192	0.068	3.302	<0.001	成立
H5	自豪感→道德规范	0.163	0.064	2.684	0.007	成立
H6	自豪感→遗产保护行为	0.27	0.075	4.472	<0.001	成立
H7	怀旧感→道德规范	0.152	0.053	2.825	0.005	成立
H8	怀旧感→遗产保护行为	0.199	0.061	3.702	<0.001	成立

由表 7-5 可知，8 条假设路径的标准化系数 P 值小于 0.05 且临界值 $C.R.$ 大于 1.96，这说明假设路径全部成立。具体而言：①游客后果意识对其责任归属的影响。游客后果意识对其责任归属假设路径的标准化路径系数为 0.054，$P<0.001$ 水平，临界比 $C.R.=11.032$，因此存在显著的正向影响，这说明假设 H1 成立。②游客责任归属对其道德规范假设路径的标准化路径系数为 0.161，P 值为 0.025<0.05，临界比 $C.R.=2.239$，这说明二者之间存在显著影响，因此假设 H2 成立。③游客后果意识对其道德规范假设路径的标准化路径系数为 0.252，$P<0.001$ 水平，$C.R.=3.308$，这说明游客后果意识对其道德规范存在显著的正向影响，因此假设 H3 成立。④游客道德规范对其文化遗产保护行为假设路径的标准化路径系数为 0.192，$P<0.001$ 水平，临界比 $C.R.=3.302$，这说明游客道德规范对其文化遗产保护行为存在显著的正向影响，因此假设 H4 成立。⑤游客自豪感对其道德规范假设路径的标准化路径系数为 0.163，P 值为 0.007<0.05，临界

比 C.R.=2.684，这说明游客自豪感对其道德规范存在显著的正向影响，因此假设 H5 成立。⑥游客自豪感对其文化遗产保护行为假设路径的标准化路径系数为 0.27，P 值 <0.001，临界比 C.R.=4.472，这说明游客自豪感对其文化遗产保护行为存在显著的正向影响，因此假设 H6 成立。⑦游客怀旧感对其道德规范假设路径的标准化路径系数为 0.152，P 值为 0.005<0.05，临界比 C.R.=2.825，这说明游客怀旧感对其道德规范存在显著的正向影响，因此假设 H7 成立。⑧游客怀旧感对其文化遗产保护假设路径的标准化路径系数为 0.199，P 值 <0.001，临界比 C.R.=3.702，这说明游客怀旧感对其文化遗产保护存在显著的正向影响，因此假设 H8 成立。

本章小结

本书将自豪感和怀旧感两个情感因素纳入规范激活理论模型，构建文化遗产旅游地下游客遗产保护行为影响机制的理论分析框架，并以世界文化遗产洛阳龙门石窟景区游客的调查数据为基础，运用结构方程模型，实证检验了游客实施文化遗产保护行为影响路径。研究结论如下：

（1）规范激活对游客文化遗产保护行为具有较好的解释力，后果意识、责任归属、道德规范、文化遗产保护行为之间的假设关系得到了验证。后果意识显著正向影响责任归属，游客认知如果不采取文化遗产保护行为将会产生文化遗产的艺术价值会被削弱、历史和文化价值被破坏的消极后果，游客会对这些消极后果产生责任归属感，认为游客应该共同为不保护文化遗产行为造成的消极后果负责任。责任归属显著正向影响道德规范，游客因意识到不采取文化遗产保护行为的消极后果而产生责任归属感，会激发游客的道德规范，即游客会认识到采取文化遗产保护行为对减少文化遗产损害的重要性、道德负有遗产保护行为的义务性，以及未采取文化遗产保护行为而感到愧疚。后果意识显著正向影响道德观，游客对不采取文化遗产保护行为所产生的削弱性和破坏性消极后果的认知，会直接促进游客道德规范的提升。后果意识和责任归属均显著正向影响道德规范，这与以往的研究结论是一致的。道德规范显著正向影响文化遗产保护行为，游客的道德规范一旦被激发，就促进游客实施文化遗产保护行为，如遵守法律规定和文化遗产管理规定爱护文化遗产建筑，并且会极力劝阻破坏文化遗产的行为等。

（2）自豪感正向影响游客文化遗产保护行为，道德规范在自豪感与文化遗产保护行为之间具有完全中介作用。已有研究证实游客在自然旅游地、博物馆、海上丝绸之路等旅游情境下会被激发自豪感。本书研究发现，在文化遗产旅游情境中，文化遗产精美卓绝的造像、龙腾云起的历史事迹以及展现的中华民族开放包容、奋发进取的精神，都会激发游客对中国文化的自信和对国家认同的自豪感。根据积极情绪的拓展—建构理论，自豪感等积极情绪能促使游客增强认同感，促进合作、分享、帮助等亲社会行为。文化遗产情境中被激发的这种国家和民族自豪感会促进游客的道德发展，使其感受到道德责任，促进游客实施文化遗产保护行为。

（3）怀旧感正向影响游客文化遗产保护行为，道德规范在怀旧感与文化遗产保护行为之间具有完全中介作用。旅游体验具有情境性特征，当游客身处文化遗产旅游中，面对历史久远的文化遗产景观，需要置身于过去历史情境中去理解历史文化景观的创作脉络，游客会联想到以前生活在这里的人、生活场景，感觉我回到了以前的这里，这些都会激发游客的怀旧感。怀旧感会使个体更倾向于道义论反应，更加严于律己、自我反省与约束，感受到道德责任，促进游客实施文化遗产保护行为。

本章内容的理论意义在于：首先，丰富了文化遗产保护行为的实证研究，将游客遗产保护从行为研究场景扩充到文化遗产旅游目的地，并且在文化遗产旅游情境下将规范激活理论与文化遗产保护行为相结合，拓展了该理论在旅游行为研究领域的应用范畴。其次，在文化遗产旅游情境下，从游客行为内驱性角度提出一个新框架，证实自豪感与怀旧感对文化遗产保护行为的正向影响，探究了情绪等非理性因素对非惯常环境下旅游活动主体在旅游目的地责任行为的作用路径。最后，文化遗产旅游情境中激发的游客对文化遗产艺术价值、历史价值、文化价值的自豪感、怀旧感，能够通过道德规范促进游客实施文化遗产保护行为，即道德规范在自豪感、怀旧感与文化遗产保护行为之间具有完全中介作用。

本章内容的管理启示在于：首先，文化遗产旅游地应丰富旅游产品的展现形式，积极营造遗产地文化氛围。旅游地对文化遗产历史来源和独特内涵的解释，是游客更好地了解体验文化遗产的艺术性、历史性和文化性的必要途径，因此，旅游地应提供多层次的讲解和展现形式，除设置相关文物解说标识牌、播放特色主题音频音乐外，还可以增设文化遗产地声光影像与文字模型、3D 虚拟复原、AR 设备呈现、旅游演艺等，让游客深入感知文化遗产价值的存在，增强对民族文化的认同感。其次，文化遗产旅游地对游客行为管理应由理性管理转向情感管理。研究结果表明，文化遗产地旅游产品可以激发游客的自豪感和怀旧感等积极情绪，促使游客实施文化遗产保护行为。因此，旅游地应加强对游客情感的关注，重视对游客情感的激发，让游客感受到更多的道德责任，提升游客实施文化遗产保护行为的主动性。

本章内容的不足之处在于：一是研究方法方面，采用的是量化的实证研究，研究数据通过问卷调查所得，但游客填写问卷时会受到诸多因素影响，会对研究结论的真实性产生一定影响。今后可以考虑量化和质性相结合的混合研究，通过访谈、网络文本数据与问卷数据的对比印证，增强研究结果的准确性和科学性。二是情感变量方面，仅考虑自豪感和怀旧感，未涉及其他情感变量。今后研究可将更多的情感变量，如敬畏感、愧疚感、自然共情、认同感等纳入研究模型进行实证研究。三是研究情境方面，只选择了世界文化遗产地洛阳龙门石窟为案例地，今后可以涵盖更大范围内的文化遗产旅游地以推广研究结论。

第八章　旅游地社会责任对游客
环境责任行为的影响

旅游业在发展的过程中，一方面在推动我国经济增长、促进就业、改善区域生活水平、提高居民幸福感等方面作出了诸多贡献，另一方面带来了大量负面影响以及现实问题。由于大规模的旅游活动，旅游地的资源与生态环境受到了巨大的破坏与影响。作为旅游主体的游客在旅游过程中因缺少环境责任意识随意丢垃圾、破坏景区自然环境和人文环境，这些不文明行为使脆弱的自然资源和生态环境雪上加霜，并引发旅游市场失序，对旅游业的可持续发展造成了极大的威胁。由于游客不文明的旅游行为所造成的负面影响日益凸显，强化环境保护义务已经刻不容缓。对此，有学者认为游客的旅游活动必然会带来生态环境的损害，只能通过对游客进行规制与约束来减轻损害。但也有学者认为，游客在环境保护方面具备行为和意愿自觉性，他们可以妥善处理所产生的垃圾，遵守景区的环境保护规定，并对其他不友好的环境保护活动进行约束。认为减少游客不当行为的产生是解决问题的重要出口。在这一背景下，旅游地社会责任与环境责任行为的研究成为热点话题。已有研究发现，旅游地社会责任是游客环境责任行为的重要驱动因素之一，地方认同作为地方感的一个研究范畴，在旅游情境中显著影响个体环境责任行为及意愿的产生与实施。美国学者曾嘉华（Tsang）等认为感恩的回报方式并不局限于直接互惠，还可能是个体出于对施恩方的关心而表现出来的亲社会行为。涂红伟等将"感恩"作为中介变量，证明了居民价值共创行为与游客公民行为之间的正向关系。因此，本书尝试以地方认同与感恩为中介，初步探索旅游地社会责任对游客环境责任行为的作用机制。

1978 年，美国学者丹尼尔·R. 威廉姆斯（Patterson M E）等首次提出地方认同的具体概念，强调个体通过与某个地方的社会化互动，在心理和情感上建立起联结与认同，而这一概念最初被用来研究环境心理学。旅游学科视角下，地方认同是对地方的情感性依恋。地方认同已成为环境责任行为机制研究的热点视角，诸多研究证实地方认同能够显著影响游客环境责任行为的实施。感恩（Gratitude）起源于拉丁语 gratia，意为感激、慈悲和愉悦。喻承甫等提出感恩主要通过个人自我价值实现、有益的个体经历和因他人帮助而获得积极结果的感知等途径产生。因此，感恩情绪可以激发个体产生回报行为，进而提升个人整体的素质涵养。通过探究地方认同与感恩的具体中介作用深入揭示旅游地社会责任对游客环境责任行为的影响，是对感恩在旅游领域研究的一次新突破，拓展了环境责任行为的研究边界，也能够促进旅游研究领域旅游地社会责任与环境责任行为相关理论的前进发展。

第一节　文献回顾

一、旅游地社会责任

　　旅游地社会责任的相关研究最早是从企业社会责任（Corporate Social Responsibility，CSR）延伸出来的。早在 1924 年美国学者奥利弗·谢尔顿（Oliver Sheldon）就认为公司应该为其所产生的影响负责任，而在这一过程中，道德上的责任发挥了重要作用。美国学者霍华德·R. 鲍恩著（Bowen）于 20 世纪 50 年代对企业的社会责任进行了研究，将其定义为一种社会期望和价值，他认为企业在制定和执行策略时，将社会期望放在首位，这种做法可以为企业的经营带来更大的经济收益。美国学者卡罗尔（Carroll）提出的企业社会责任模型按照发展顺序将企业社会责任划分为经济责任、法律责任、道德责任和慈善责任四种类型。美国学者哈特·特兰（Tran）等对卡罗尔的模型进行了扩展，将其进一步划分为经济责任、环境责任、慈善责任、法律责任和道德责任。近年来，旅游学界开始借助企业社会责任的相关概念和理论来解释旅游现象，最开始主要是研究旅游企业，集中在旅游企业社会责任的因果机制及其责任范围、商业道德、必要性和特殊性等方面。学者们在企业社会责任维度划分的基础上，根据旅游研究的特点和不同的研究视角，将旅游地社会责任划分为不同的维度。何学欢等将旅游地社会责任划分为环境责任、社区责任、经济责任和利益相关责任四个维度。王纯阳等将文化遗产旅游地的社会责任划分为遗产责任、伦理责任、环境责任、经济责任和法律责任五个维度。旅游地社会责任对环境责任行为的影响方面，李东等发现旅游地企业社会责任能够有效促使居民实施亲旅游行为。屠欧阳颖基于社会交换和社会认同理论，通过感知价值和地方认同的中介作用，证实了旅游社会责任能显著影响游客公民行为。

二、地方认同

美国学者哈罗德·M. 普罗夏斯基（Proshansky）等首先提出地方认同的具体概念，强调个体通过与某个地方的社会化互动，在心理和情感上建立起联结与认同。当个体心理、情感、价值需求在特定地方得到满足后，个体就会自动将"地方"概念纳入"自我"概念，为自我赋予当地身份，进而成为该地的一部分，甚至将其作为自身的一个重要组成部分。旅游学科视角下，地方认同是对地方的情感性依恋。加拿大学者马格努斯·霍特曼（Hultman）等认为游客对旅游地的身份是指游客在一定范围内通过与旅游地之间的关系来定义自己。马北玲等认为，游客对于旅游地的认可是指旅游地可以实现游客对其身份的表达和加强，游客把自己看作是旅游地紧密关联主体的一种心理依恋现象。田青指出如果游客与目的地具有相同的特点、相同的价值观，那么游客很可能会在旅游地形成情绪认同和精神归属，而这些感情上的依赖被称为"地方认同"。地方认同是个人对目的地符号意义和符号价值感知进行评估后而产生的一种心态改变。祁潇潇等认为地方认同也是一种情感性依恋，是指游客对所在地域具有的符号特性所形成的一种身份识别，这种身份能够提升游客对旅游地的归属，进而影响个体实施环境责任行为。张孙博文证实了地方认同能够推动游客实施环境责任行为。

三、感恩

感恩起源于拉丁语 gratia，意为感激、慈悲和愉悦。喻承甫等提出感恩主要通过个人自我价值实现、有益的个体经历和因他人帮助而获得积极结果的感知等途径产生。感恩情绪可以激发个体产生回报行为，进而提升个人整体的素质与涵养。在管理范畴对感恩的研究主要集中在人的心理和行为反应上。心理反应包括消费者满意度、信任、承诺等，行为反应包括对企业的回报行为、社会责任行为等。例如，朱洪军等的研究证实了体育俱乐部的社会责任促进了观众的感恩之情，继而对其观众行为产生影响。涂红伟等将感恩作为中介，研究发现居民价值共创行为与游客公民行为之间存在显著影响关系。旅游地社会责任行为是一种具有道德属性的利他行为，不仅能诱发游客的感激之情，还可以进一步推动他们履行环境责任行为。

第二节　研究假设与模型

一、旅游地社会责任对游客环境责任行为的影响

已有研究证实，如果一个旅游企业是高效的、盈利的、负责任的，那么它将会给当地的社会发展作出贡献。程卫进等研究发现旅游地社会责任在发展过程中会产生促使游客发生环境积极行为的现象，据此可以推知一个旅游地履行社会责任会有利于社会经济发展、社会公平、环境保护等。根据感知—情感—行为理论，旅游地与游客两者的行为活动之间有密切的联系，所以，旅游地社会责任活动在很多方面都会影响游客的感知。例如，在经济发展方面，为了履行社会责任，旅游地可以选择雇用当地的员工，给当地居民带来大量的就业机会，另外，可以通过设计开展大型旅游活动、吸引本地游客和外来游客的到访，以此获得更多的经济效益来拉动当地经济发展。在社会公平方面，可以促进旅游地基础设施的建设，景区质量与产品的提高，使当地的传统文化得以保存。在环境责任方面，帮助创造良好的环境保护意识和保持旅游景区环境清洁。旅游地在经济、社会、环境方面的积极举措，在与游客的互动中被游客感知，进而触发游客的环境责任行为。综上，本书将旅游地社会责任划分经济发展责任、社会公平责任和环境保护责任三个维度，本书提出以下假设：

H1：旅游地社会责任对游客环境责任行为有显著正向影响。

H1a：旅游地经济发展责任对游客环境责任行为有显著正向影响。

H1b：旅游地社会公平责任对游客环境责任行为有显著正向影响。

H1c：旅游地环境保护责任对游客环境责任行为有显著正向影响。

二、旅游地社会责任对游客认同的影响

社会认同理论认为，个体通过社会比较、群体标识等方式对自己进行分类，从而形成相应的态度和行为。旅游目的地社会责任的举措与社会认同的生成条件相吻合，旅游地通过开展社会责任活动，会使游客产生更强的归属感，促进游客对旅游地的认同。已有研究证明，游客对旅游地社会责任的感知对旅游地认同的产生具有正向影响作用。目前，学者们往往将地方认同作为地方依恋的维度之一来探究旅游地社会责任与游客地方认同之间的关系，少有学者单独探讨旅游地社会责任对游客地方认同的影响，为了验证这一猜想，本书提出以下假设：

H2：旅游地社会责任对游客地方认同具有显著的正向影响。

H2a：旅游地经济发展责任对游客地方认同具有显著的正向影响。

H2b：旅游地社会公平责任对游客地方认同具有显著的正向影响。

H2c：旅游地环境保护责任对游客地方认同具有显著的正向影响。

三、旅游地社会责任对游客感恩的激发

社会信息加工理论认为，个人的行为除了受心理因素的影响外，还受其所处环境的影响。个体从外部环境中获得有关信息，并对信息进行加工判断，从而理解并引导自己的行为。盛光华等指出在旅游过程中旅游地环境情境因素、旅游地服务、环境质量及其他因素对游客行为与态度的影响不容忽视。徐洪等基于社会信息处理理论，将旅游地社会责任作为重要的外部环境信息传递给能进行信号接收的游客，并影响游客亲环境态度与亲环境行为。加拿大学者尼什玛（Nishma）等基于积极情绪理论验证了社会责任感知对感恩的激发与环境责任行为的影响，发现人的行为中感知的社会责任能促进其感恩积极情绪的激发，进而可以增强环境责任行为。巴基斯坦学者沙希德·马哈茂德（Mahmood S）等认为，在感恩的调节作用下，员工对企业社会责任的认知促使当局在所有活动中保持公平，可以对员工的满意度产生积极影响。综上，本书提出以下假设：

H3：旅游地社会责任对游客感恩的激发具有显著的正向影响。

H3a：旅游地经济发展责任对游客感恩的激发具有显著的正向影响。

H3b：旅游地社会公平责任对游客感恩的激发具有显著的正向影响。

H3c：旅游地环境保护责任对游客感恩的激发具有显著的正向影响。

四、地方认同对游客环境责任行为的影响

社会认同理论认为，游客个体的认同是对目标物的肯定及赞成，在这一心理作用下，游客个体会按照自己在此过程中产生的情感或者认知心理来规范和指导自身行为。地方认同是地方与个体在情感、价值观等方面交流的结果，其核心是归属感，游客通过提升归属感形成自身的地方认同感，在目的地进行旅游活动过程中与地方进行互动形成地方认同感，进而促进游客在后续旅游过程中做出有利于目的活动行为，甚至积极评价目的地并宣传引导其他游客也做出有利于目的地的环境责任行为。基于规范激活理论，当游客身处旅游目的地，并将对目的地的认可与自我身份结合起来，就可以使游客把责任归咎于自己，并对自己产生与自己相关的后果意识，进而激活游客自愿实施环境责任行为的道德义务。已有研究指出，个体或群体对组织的认同感越强，其越容易将组织的价值观、信念等内化于心，外化于行，从而实施各种公民行为。范钧等证实地方依赖和地方认同正向作用于游客责任行为，地方认同还有利于游客强化其主人翁意识，将环境责任内化成内在思维，进而不自觉地表现在日常旅游活动中。可见，地方认同越强，主体对实施特定行为的能力和行为的有效性越强，越倾向于实施该行为。综上所述，具有高地方认同的游客实施环境责任行为的可能性和意愿更高，从而促进其环境责任行为的产生。根据以上研究，本书提出如下假设：

H4：游客地方认同对游客环境责任行为具有显著的正向影响。

五、感恩对游客环境责任行为的影响

美国心理学教授霍华德·M. 韦斯（Weiss）（1996）指出情绪对个体的行为具有积极的预测作用。感恩在本质上是一种积极情绪，既可以拓展思维方式、建构个人资源，也能促进个体创造性地思考如何去回报对方，使自己变得更具有亲社会性的特质。首先，产生感激之情的游客为了回报旅游景区提供的服务与帮助，

极有可能会向家人、同学、朋友等群体推荐该旅游景区。感恩的回报方式并不局限于个体之间直接互惠，还可能是个体出于对施恩方的关心而表现出来的亲环境行为。感恩具有的特殊道德情绪属性能促进个体行为约束与社会联系，还可以诱发个体并能够表现出指向他人（非施恩方）的亲社会行为。基于这一逻辑，体验到感激之情的游客在自我行为遵守的前提下，很有可能会为在旅途过程中出现困难的同伴及其他问题伸出援助之手，促进景区良性循环发展。基于此，本书认为游客感恩可能是游客实施环境责任行为的一个积极促进因素。因此，本书提出以下假设：

H5：游客感恩对游客环境责任行为具有显著的正向影响。

六、地方认同在旅游地社会责任与游客环境责任行为的中介作用

地方认同是从地方依恋中分化出来的一种情感维度，是在地理环境中用来描述人与地方的情感相联结的重要情感概念，后来被引入旅游研究情境下。张婷等通过实证研究发现，地方依恋是影响游客环境责任行为的重要因素。中国香港学者周爱丽丝（Chow）等在关于地方依恋与环境责任行为关系的研究中指出，地方依恋通过环境态度中介对环境责任行为具有正向的影响。当游客感觉到旅游目的地的社会责任行为有意义、有吸引力，并且与游客的自我认同和自我强化需求相一致时，游客就会对旅游地有很强的感情依赖与承诺，愿意与旅游地建立长久的联系，把自己看作是旅游地的一个紧密利益相关者。游客的社会责任所激发的地方认同感，会影响游客的后续行为，游客在旅游地不仅会产生遵守型环境责任行为，而且会产生促进型环境责任行为。基于此，本书提出如下假设：

H6：地方认同在旅游地社会责任与游客环境责任行为之间具有中介作用。

H6a：地方认同在旅游地经济发展责任与游客环境责任行为中起中介作用。

H6b：地方认同在旅游地社会公平责任与游客环境责任行为中起中介作用。

H6c：地方认同在旅游地环境保护责任与游客环境责任行为中起中介作用。

七、感恩在旅游地社会责任与游客环境责任行为的中介作用

社会信息加工理论认为，个体行为受到心理和环境的内外部双重影响。个体通过对接收的外部信息进行加工处理形成内在认知，从而影响并指导其行为，既

能有效引导游客行为，又能提升旅游目的地社会责任的精准实施，具有重要的实践价值。旅游地社会责任行为是一种具有道德属性的利他行为，不仅能诱发游客的感激之情，还可以进一步推动他们履行环境责任行为。在旅游活动中，游客通过自己对旅游地社会责任表现的所见所感，很容易诱发感恩情绪。感恩的回报方式并不局限于直接互惠，还可能是个体出于对施恩方的关心而表现出来的亲社会行为。由此，本书认为旅游地社会责任的履行对游客所激发的感激之情可能对游客实施环境责任行为起到重要驱动作用，感恩这一新的视角有助于学界理解旅游地社会责任对游客环境责任行为的影响过程。因此，本书提出以下假设：

H7：感恩在旅游地社会责任与游客环境责任行为之间具有中介作用。

H7a：感恩在旅游地经济发展责任与游客环境责任行为中起中介作用。

H7b：感恩在旅游地社会公平责任与游客环境责任行为中起中介作用。

H7c：感恩在旅游地环境保护责任与游客环境责任行为中起中介作用。

根据上述理论假设，构建旅游地社会责任、对地方认同、感恩、游客环境责任行为的关系模型，综合探讨旅游地社会责任对游客环境责任行为的影响机制。如图8-1所示。

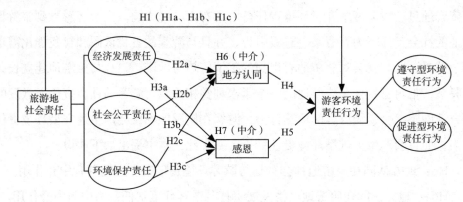

图8-1　研究理论模型

第三节　研究设计与数据收集

一、假设变量测量

秉持增加各个变量概念处理的可信度和可靠性原则，对于各变量量表的选取均使用已有文献中采用过的与本章情境相贴合的成熟量表，与千山景区的实际情境相结合，对部分量表中的语句做调整，形成初始前测量表。对于旅游地社会责任的测量，主要借鉴吕英、美国学者亚历杭德罗·阿尔瓦拉多-埃雷拉（Alvarado）等、斯科特·斯旺森（Swanson S R）等（2017）、屠欧阳颖、陈秋颖的测量量表。对于地方认同的测量采用美国学者丹尼尔·R.威廉姆斯（Williams）等在研究中使用的地方认同量表，该量表已得到学者们的认同与采纳，具有良好的信效度，能够有效测量地方认同这一变量。对于游客感恩的测量主要借鉴美国学者迈克尔·麦卡洛（McCullough）和涂红伟的测量量表。对于游客环境责任行为的测量，主要借鉴美国学者尼克·史密斯-塞巴斯托（Sebasto）等、李秋成等、罗文斌等、季磊磊的测量量表。

二、数据收集

选取辽宁鞍山千山风景区作为数据的收集地。千山景区位是5A级景区，同时也是国务院第一批公布的国家级风景名胜区。将千山景区作为数据收集地，一方面，满足研究概念模型构建的情境条件是旅游地风景区实施的社会责任行为；另一方面，基于千山景区因快速发展导致生态环境资源被破坏而迫切需要保护的现实情况。近年来，随着千山景区的不断发展和完善，政府部门及景区管理者逐渐意识到旅游社会责任对景区可持续发展的重要意义，开始积极地参与社会责任实践，作出了许多迎合现实趋势的调整，以便更好地迎接众多游客。

本书以辽宁省千山风景区为案例地，采用问卷调查方法收集数据，通过结构方程等统计方法对研究假设进行验证。为确保本章内容的可信度与可靠性，采用以往研究使用过的、符合本章研究情境的量表，同时结合千山景区的实际情况，对量表具体内容进行适当调整，最终形成正式量表。本书以 2024 年 4 月 29 至 5 月 4 日（10:00～18:00）结束游览的游客的问卷调查为数据来源，共发放 500 份问卷，正式问卷中所包含的人口统计学特征由性别、年龄、学历、月收入、职业、居住地、前往千山次数、对千山的了解程度组成，具体统计特征描述如表 8-1 所示。由表可知，在 484 份有效样本中，男女比例相近，男性（43.0%）略小于女性（57.0%）；年龄 18～25 岁（70.2%）的游客的比例最高，其余是 26～30 岁（20.0%）、18 岁以下（2.9%）、31～40 岁和 61 岁以上（2.1%）、51～60 岁（2.7%），可见，青年人和老年人是游览千山景区的主体。学历在本科（68.6%）和研究生及以上（19.8%）的人群较多；月收入在 3000 元及以下（82.0%）的游客最多；观赏千山景区游客的职业大部分是学生（81.2%）、企业员工（3.5%）、教师（2.1%）和离退休人员（1.2%）；游客大多数来自鞍山市本地（46.7%）和辽宁省内其他城市（34.1%）；游览千山景区次数 1 次占比为 56.6%，2～4 次占比为 33.9%；填写问卷的游客对千山景区的了解程度大多数为一般了解（46.3%）和比较了解（26.0%）。

总体而言，从人口统计学特征描述性统计分析可以发现本次 484 名调研对象在分布上较为合理和均衡，其中 68.6% 为大专和本科学历，鞍山市内游客占 46.7%，观赏千山景区大部分是学生，与近期山岳型旅游的迅猛发展，受到大学生的青睐，吸引本地大学生和省内其他地区的大学生前来观赏，与调研期间千山景区游客人群实际特征基本匹配，符合抽样统计要求，样本较为客观地反映了案例地游客的人口特征。

表8-1　正式样本统计特征描述

变量	选项	频率	百分比
性别	男	208	43.0
	女	276	57.0
年龄段	18 岁以下	14	2.9
	18～25 岁	340	70.2
	26～30 岁	97	20.0

变量	选项	频率	百分比
年龄段	31～40 岁	10	2.1
	51～60 岁	13	2.7
	61 岁以上	10	2.1
学历	初中及以下	16	3.3
	高中中专	24	5.0
	大学专科	16	3.3
	大学本科	332	68.6
	研究生及以上	96	19.8
月收入	3000 元及以下	397	82.0
	3001～6000 元	39	8.1
	6001～9000 元	34	7.0
	9001 元及以上	14	2.9
职业	企业员工	17	3.5
	农民	5	1.0
	自由职业个体户	31	6.4
	学生	393	81.2
	离退休人员	6	1.2
	教师	10	2.1
	政府/事业单位	9	1.9
	其他	13	2.7
居住地	辽宁省鞍山市	226	46.7
	辽宁省其他城市	165	34.1
	辽宁省外其他城市	93	19.2
前往千山次数	1 次	274	56.6
	2～4 次	164	33.9
	5 次以上	46	9.5
对千山了解程度	非常不了解	34	7.0
	不太了解	70	14.5
	一般了解	224	46.3
	比较了解	126	26.0
	非常了解	30	6.2

第四节　数据分析与结果

一、测量模型检验

在假设检验之前需要通过拟合检验模型，一般通过 AMOS 中的适配度指数进行检验，其中，一般要求卡方值不显著，且卡方自由度比值（ζ^2/df）小于 3。为了减小因样本量大小而产生的影响，在拟合检验中会参考其他适配度统计量，本文增加了近似误差均方根（Root Mean Square Error of Approximation，$RMSEA$）、比较拟合指数（Comparative Fit Index，CFI）、正规拟合指数（Normed Fit Index，NFI）、增量拟合指数（Incremental Fit Index，IFI）、Tucker-Leweis 指数（Tucker Lewe Is，TLI）等作为参考。其中，$RMSEA$ 数值越小，表示模型拟合度越好，当近似误差均方根 $RMSEA$ 指数小于 0.08 时表明模型拟合较好。体模型的拟合结果如表 8-2 所示。由表可知，卡方自由度比值 $\zeta^2/df = 1.893 < 3.00$，近似误差均方根 $RMSEA=0.043 < 0.05$，符合拟合标准的要求；正规拟合指数 $NFI=0.951 > 0.90$，增量拟合指数 $IFI=0.976 > 0.90$，比较拟合指数 $CFI=0.976 > 0.90$，Tucker-Leweis 指数 $TLI=0.973>0.90$，标准化均方根残差 $SRMR=0.026<0.08$，符合拟合标准的要求；$AGFI=0.886$ 接近 0.9，符合拟合标准的要求。综合表 8-2 可以看出测量模型的拟合效果，所有适配度指标都比较理想，各项指标均达到标准，由此说明验证性因子模型拟合结果较好，同时具有良好的结构效度。

表8-2　验证性因子分析模型适配度指标拟合结果

拟合指标	卡方自由度比 ζ^2/df	拟合优度指数（GFI）	近似误差均方根（$RMSEA$）	调整拟合优度指数（$AGFI$）	正规拟合指数（NFI）	增量拟合指数（IFI）	比较拟合指数（CFI）	Tucker-Leweis 指数（TLI）	标准化均方根残差（$SRMR$）
拟合标准	< 3.00	0 ~ 1	< 0.08	> 0.80	> 0.90	> 0.90	> 0.90	>0.90	<0.08
模型结果	1.893	0.905	0.043	0.886	0.951	0.976	0.976	0.973	0.026
拟合评价	合格	合格	合格	合格	合格	合格	合格	合格	合格

基于验证性因子分析，本研究进一步检验收敛效度。在收敛效度方面，将平均方差抽取量 AVE 和组合信度 CR 两个值视为衡量指标，其中，AVE（平均方差抽取量）表达的是潜在变量对于指标变异量的解释水平，CR（组合信度）是对潜在构念的一致性进行评估。收敛效度的具体检验结果如表 8-3 所示。由该表可知，7 个潜变量因子各个题项的标准化载荷均大于 0.6 水平，这说明每个测量题项在因子内的解释力度良好；7 个潜变量中，经济发展责任的组成信度指标组合信度 CR 值为 0.919，社会公平责任的 CR 值为 0.918，环境保护责任的组合信度 CR 值为 0.963，地方认同的 CR 值为 0.957，感恩的组合信度 CR 值为 0.932，遵守型环境责任行为的组合信度 CR 值为 0.919，促进型环境责任行为的组合信度 CR 值为 0.925，均大于 0.6 的最低指标，这表明各题项的整体信度及内部一致性也较高。针对因子的聚合效度而言，7 个潜变量中，经济发展责任的平均方差抽取量 AVE 值为 0.739，社会公平责任的平均方差抽取量 AVE 值为 0.737，环境保护责任的平均方差抽取量 AVE 值为 0.811，地方认同的平均方差抽取量 AVE 值为 0.789，感恩的平均方差抽取量 AVE 值为 0.821，遵守型环境责任行为的 AVE 值为 0.740，促进型环境责任行为的平均方差抽取量 AVE 值为 0.756，均大于 0.5 的最低标准，由此可见，各个潜变量内部的各个题项表现出较好的收敛效度。

表8-3　验证性因子分析测量题项收敛效度结果

变量	测量题项	标准化载荷	标准误 P 值	组合信度（CR）	平均方差抽取量（AVE）
经济发展责任	千山能为当地获取合理的经济收益	0.882		0.919	0.739
	千山重视与游客之间的亲密联系，以保证他们的长期持续发展	0.823	***		
	千山是一个不断提高其旅游产品和服务质量的地方	0.871	***		
	千山在山岳型景区中具有较强的核心竞争性	0.860	***		
社会公平责任	千山支持文化事业和教育研学的发展	0.870		0.918	0.737
	千山非常注重和维护景区的文化与伦理风俗	0.873	***		
	千山经常举办公益活动	0.836	***		
	千山的开发提高了当地人的生活质量	0.853	***		

续表

变量	测量题项	标准化载荷	标准误P值	组合信度（CR）	平均方差抽取量（AVE）
环境保护责任	千山宣传环保理念、引导环保行为	0.891		0.963	0.811
	千山在资源开发中注重环保性	0.914	***		
	千山在环境可承受范围内提供旅游产品和服务	0.881	***		
	千山采取措施缓解旅游活动开展对环境造成的污染	0.913	***		
	千山能妥善处理旅游活动开展中产生的废弃物	0.907	***		
	千山能保持公共环境的干净整洁	0.898	***		
地方认同	千山对于我而言很有意义	0.891		0.957	0.789
	我对千山景区产生十分强烈的认同感	0.900	***		
	在千山游览让我感觉到很享受	0.871	***		
	我愿意长时间停留在千山	0.887	***		
	在千山游玩时我能更好地认识并实现自我	0.896	***		
	我对千山存在一种特殊的情感	0.884	***		
感恩	我对千山是赞赏的	0.892		0.932	0.821
	我对千山的负责任行为心怀感激	0.903	***		
	我很感谢千山景区的奉献精神	0.923	***		
遵守型环境责任行为	我会在旅游过程中遵守千山景区的环境管理规定	0.895		0.919	0.740
	我会妥善处理旅游过程中产生的垃圾	0.871	***		
	我会劝说同伴不要做出破坏千山景区环境的行为	0.841	***		
	我会参与关于千山景区环境保护方面的知识学习	0.833	***		
促进型环境责任行为	我会参加志愿者活动促进千山的环境保护	0.862		0.925	0.756
	我会主动向管理方反映环保方面的问题和建议	0.864	***		
	我会努力说服同伴采取对千山景区保护有利的行为	0.897	***		
	如果千山有环保主题的公益活动，我愿意参加	0.853	***		

注：*** 表明 P 在小于 0.001 的水平上显著。

区分效度的检验结果如表 8-4 所示。由该表可知，各个潜变量之间的测量具有很好的区分效度。

表8-4　验证性因子分析区分效度结果

变量	经济发展责任	社会公平责任	环境保护责任	地方认同	感恩	遵守型	促进型
经济发展责任	0.860						
社会公平责任	0.650**	0.858					
环境保护责任	0.525**	0.465**	0.898				
地方认同	0.484**	0.528**	0.718**	0.888			
感恩	0.540**	0.484**	0.773**	0.841**	0.907		
遵守型	0.596**	0.669**	0.588**	0.631**	0.650**	0.860	
促进型	0.577**	0.660**	0.595**	0.623**	0.628**	0.686**	0.869

注：** 表明 P 在小于 0.01 的水平上显著。

二、结构模型检验

结构模型包括经济发展责任、社会公平责任、环境保护责任、地方认同、感恩、游客环境责任行为 6 个潜变量和 31 个观测变量。一般认为，变量之间关系的强弱通过标准化路径系数绝对值的大小进行判断。当标准化路径系数值为正时，说明变量之间为正向影响关系，若为负，则为负向影响关系。同时，当临界比（Critical Ratio，简称 $C.R.$）的绝对值大于 1.96，且标准化路径系数 P 值小于 0.05 时，则认为变量之间的假设路径成立。本书运用最大似然法（MaximumLikehood，ML）对结构方程模型进行检验，通过观察 P 值是否达到显著性水平，来检验变量间的假设关系。整体结构方程模型路径检验结果如表 8-5 所示。

表8-5　整体结构方程模型路径检验结果

	路径	标准化路径系数	估计参数的标准误（$S.E.$）	临界比（$C.R.$）	估计参数的标准误（P）	假设
H1a	旅游地经济发展责任→游客环境责任行为	0.142	0.040	2.930	0.003	成立
H1b	旅游地社会公平责任→游客环境责任行为	0.452	0.043	8.772	***	成立

续表

	路径	标准化路径系数	估计参数的标准误（S.E.）	临界比（C.R.）	估计参数的标准误（P）	假设
H1c	旅游地环境保护责任→游客环境责任行为	0.130	0.063	1.975	0.048	成立
H2a	旅游地经济发展责任→地方认同	0.009	0.042	0.180	0.857	不成立
H2b	旅游地社会公平责任→地方认同	0.241	0.040	5.108	***	成立
H2c	旅游地环境保护责任→地方认同	0.617	0.043	14.193	***	成立
H3a	旅游地经济发展责任→感恩	0.117	0.041	2.512	0.012	成立
H3b	旅游地社会公平责任→感恩	0.103	0.04	2.309	0.021	成立
H3c	旅游地环境保护责任→感恩	0.678	0.043	16.178	***	成立
H4	地方认同→游客环境责任行为	0.161	0.050	3.101	0.002	成立
H5	感恩→游客环境责任行为	0.243	0.055	4.116	***	成立

注：*** 表明 P 在小于 0.001 的水平上显著。

由表 8-5 可知，在 11 条假设路径中，有 10 条路径的标准化系数 P 值小于 0.05 且临界值 C.R. 大于 1.96，说明假设路径成立；有 1 条路径的标准化系数 P 值大于 0.05 且临界值 C.R. 小于 1.96，说明假设路径不成立。具体而言：①旅游地经济发展责任对游客环境责任行为假设路径的标准化路径系数为 0.142，$P<0.05$ 水平，组合信度 C.R.=2.930，因此存在显著的正向影响；旅游地社会公平责任对游客环境责任行为假设路径的标准化路径系数为 0.452，$P<0.001$ 水平，组合信度 C.R.=8.772，因此存在显著的正向影响；旅游地环境保护责任对游客环境责任行为假设路径的标准化路径系数为 0.130，$P<0.05$ 水平，C.R.=1.975，因此存在显著的正向影响，说明假设 H1a、H1b、H1c 成立，再次验证了旅游地社会责任对游客环境责任行为的回归分析结果。②旅游地经济发展责任对地方认同假设路径的标准化路径系数为 0.009，$P>0.05$ 水平，组合信度 C.R.=0.180，说明二者之间不存在显著影响，因此假设 H2a 不成立；旅游地社会公平责任对地方认同假设路径的标准化路径系数为 0.241，$P<0.001$ 水平，$C.R.=5.108$，说明二者之间存在显著影响，因此假设 H2b 成立；旅游地环境保护责任对地方认同假设路径的标准化路径系数为 0.617，$P<0.001$ 水平，组合信度 $C.R.=14.193$，说明二者之间存在显著影响，因此假设 H2c 成立。③旅游地经济发展责任对感恩假设路径的标准化路径系数为 0.117，$P<0.05$ 水平，组合信度 $C.R.=2.512$，这说明旅游地经济发展责任对感恩存在显著的正向影响，因此假设 H3a 成立；旅游地社会公平责任对感恩假设路径的标准化路径系数为 0.103，$P<0.05$ 水平，组合信度 $C.R.=2.309$，这说明旅游地社会公平责任对感恩存在显著的正向影响，因此假设 H3b 成立；旅游地环境保护责任对感恩假设路径的标准化路径系数为 0.678，$P<0.001$ 水平，组合信度 $C.R.=16.178$，这说明旅游地环境保护责任对感恩存在显著的正向影响，因此假设 H3c 成立。④地方认同对游客环境责任行为假设路径的标准化路径系数为 0.161，$P<0.05$ 水平，组合信度 $C.R.=3.101$，这说明地方认同对游客环境责任行为存在显著的正向影响，因此假设 H4 成立。⑤感恩对游客环境责任行为假设路径的标准化路径系数为 0.243，$P<0.001$ 水平，组合信度 $C.R.=4.116$，这说明感恩对游客环境责任行为存在显著的正向影响，因此假设 H5 成立。

三、中介效应检验

为了探索旅游地社会责任不同维度对游客环境责任行为的影响效应，本书引入地方认同和感恩作为中介变量进行研究。通过 AMOS 进行自举法检验（Bootstrap 分析），抽样设定为 5000 次，将区间的置信水平设置为 95%，运行软件 Amos26 检验中介效应是否显著。若置信区间的上限和下限之间不包含 0，且 $P<0.05$，则认为中介效应成立。检验结果如表 8-6 所示。

表8-6　Bootstrap具体中介路径效应检验

中介路径		效应值	置信下限	置信上限	标准误 P	假设
H6a	经济发展责任→地方认同→游客环境责任行为	0.001	−0.014	0.023	0.779	不成立

续表

中介路径		效应值	置信下限	置信上限	标准误 P	假设
H6b	社会公平责任→地方认同→游客环境责任行为	0.032	0.005	0.073	0.022	成立
H6c	环境保护责任→地方认同→游客环境责任行为	0.095	0.011	0.186	0.028	成立
H7a	经济发展责任→感恩→游客环境责任行为	0.024	0.001	0.072	0.037	成立
H7b	社会公平责任→感恩→游客环境责任行为	0.021	0.003	0.051	0.017	成立
H7c	环境保护责任→感恩→游客环境责任行为	0.158	0.040	0.293	0.007	成立

从表 8-6 的结果可知，旅游地经济发展责任通过地方认同对游客环境责任行为的影响效应为 0.001，$P=0.779>0.05$，95% 的置信区间为 [-0.014，0.023]，置信区间内包含 0，这说明地方认同在经济发展责任与游客环境责任行为间不存在中介效应，因此假设 H6a 不成立；旅游地社会公平责任通过地方认同对游客环境责任行为的影响效应为 0.032，$P=0.022<0.05$，95% 的置信区间为 [0.005，0.073]，置信区间内不包含 0，这说明地方认同在社会公平责任与游客环境责任行为间存在中介效应，因此假设 H6b 成立；旅游地环境保护责任通过地方认同对游客环境责任行为的影响效应为 0.095，$P=0.028<0.05$，95% 的置信区间为 [0.011，0.186]，置信区间内不包含 0，这说明地方认同在环境保护责任与游客环境责任行为间存在中介效应，因此假设 H6c 成立。

旅游地经济发展责任通过感恩对游客环境责任行为的影响效应为 0.024，$P=0.037<0.05$，95% 的置信区间为 [0.001，0.072]，置信区间内不包含 0，这说明感恩在经济发展责任与游客环境责任行为间存在中介效应，因此假设 H7a 成立；旅游地社会公平责任通过感恩对游客环境责任行为的影响效应为 0.021，$P=0.017<0.05$，95% 的置信区间为 [0.003，0.051]，置信区间内不包含 0，这说明感恩在社会公平责任与游客环境责任行为间存在中介效应，因此假设 H7b 成立；旅游地环境保护责任通过感恩对游客环境责任行为的影响效应为 0.158，

P=0.007<0.05，95%的置信区间为 [0.040，0.293]，置信区间内不包含 0，这说明感恩在经济发展责任与游客环境责任行为间存在中介效应，因此假设 H7c 成立。

为了更直观地了解旅游地社会责任的不同维度对游客环境责任行为的影响，以及地方认同和感恩在不同路径中的中介作用，一般通过计算自变量对因变量产生影响的总效应、直接效应和间接效应进行分析。经济发展责任、社会公平责任、环境保护责任对游客环保行为的总效应、直接效应和间接效应的计算结果如表 8-7 所示。

表8-7　结构模型变量影响效果分析

路径	直接效应	间接效应	总效应
旅游地经济发展责任→地方认同→游客环境责任行为		0.001	
旅游地经济发展责任→感恩→游客环境责任行为		0.024	
旅游地经济发展责任→游客环境责任行为	0.117	0.025	0.142
旅游地社会公平责任→地方认同→游客环境责任行为		0.032	
旅游地社会公平责任→感恩→游客环境责任行为		0.021	
旅游地社会公平责任→游客环境责任行为	0.374	0.053	0.427
旅游地环境保护责任→地方认同→游客环境责任行为		0.095	
旅游地环境保护责任→感恩→游客环境责任行为		0.158	
旅游地环境保护责任→游客环境责任行为	0.125	0.253	0.378

由表 8-7 可知，旅游地经济发展责任对游客环境责任行为的直接影响效应为 0.117，旅游地经济发展责任通过地方认同对游客环境责任行为的间接影响效应为 0.001，通过感恩对游客环境责任行为的间接影响效应为 0.024，总的间接影响效应为 0.025，直接效应与间接效应之和总效应为 0.142。其中，地方认同在旅游地经济发展责任和游客环境责任行为之间的中介效应不显著，感恩在旅游地社会发展责任和游客环境责任行为之间的中介效应显著，因此，感恩在旅游地经济发展责任和游客环境责任行为之间具有部分中介作用。

旅游地社会公平责任对游客环境责任行为的直接影响效应为 0.374，旅游地社会公平责任通过地方认同对游客环境责任行为的间接影响效应为 0.032，通过感恩对游客环境责任行为的间接影响效应为 0.021，总的间接影响效应为 0.053，直接效应与间接效应之和总效应为 0.427。其中，地方认同能够有效介导旅游地社会公平责任对游客环境责任行为的影响作用，感恩能够有效介导旅游地社会发展责任对游客环境责任行为的影响，因此，地方认同和感恩在旅游地社会公平责任和游客环境责任行为之间具有部分中介作用。

旅游地环境保护责任对游客环境责任行为的直接影响效应为 0.125，旅游地环境保护责任通过地方认同对游客环境责任行为的间接影响效应为 0.095，通过感恩对游客环境责任行为的间接影响效应为 0.158，总的间接影响效应为 0.253，直接效应与间接效应之和总效应为 0.378。其中，旅游地环境保护责任直接显著影响游客环保行为，地方认同能够有效介导旅游地环境保护责任对游客环境责任行为的影响，感恩在环境保护责任和游客环境责任行为之间的中介效应显著，因此，地方认同和感恩在环境保护责任和游客环境责任行为之间具有部分中介作用。

本章小结

以千山景区为例构建结构方程模型，通过数据分析软件 SPSS 和 AMOS 研究了被感知的旅游地社会责任对游客环境责任行为的影响，并进一步探索了地方认同和感恩在此路径关系中的中介效应，得出以下主要结论：

（1）旅游地社会责任显著正向影响游客环境责任行为。旅游地的社会责任可划分为三个维度：经济发展责任、社会公平责任和环境保护责任。这三个维度都能够显著促进游客环境责任行为。在旅游情境下，游客能够通过多方面感知旅游地社会责任，如千山景区的经济发展、环境保护与社会公平责任在景区宣传与责任实施上都容易被游客在旅游过程中感知到，从而容易引导游客提升环境责任意识产生环境责任行为，这与李东的研究结论相一致。

（2）旅游地社会责任对地方认同有显著正向影响。通过结构方程模型分析发现，旅游地社会责任中的环境保护责任、社会公平责任对地方认同具有显著正向的影响，但经济发展责任并不能显著影响地方认同。千山景区是国家 5A 级山岳旅游景区，承担环境保护责任是景区自身可持续发展的必然要求。千山景区注重宣传中国传统文化，对老年人、退伍军人、残疾人士等人群免门票，在承担社会公平责任方面向游客释放积极的信号。地方认同是游客对旅游地自我融入的一个过程，当游客认为旅游地社会责任对自己有积极影响时，就会产生认同感，游客在游览过程中直观感受到千山景区的社会公平责任和环境保护责任，在心理上产生地方认同，因此，千山景区的环境保护责任与社会公平责任对游客的地方认同产生显著的正向影响。经济发展责任对地方认同的直接正向影响不显著的原因可能是，经济发展与旅游企业、政府、当地居民这些利益相关者的联系比较密切，而游客只是在千山景区短暂停留，并不会直观地感受到旅游地经济发展责任带来的益处，因此，也难以产生对经济发展责任的认同，若要实现这种认同，就需要建立长期感情联结。

（3）旅游地社会责任对感恩有显著正向影响。旅游地经济发展责任、社会公平责任和环境保护责任会通过一些特定的活动影响游客感恩，比如千山景区的基础设施完善程度、服务态度及旅游产品的提升、针对学生举办研学活动、梨花节和汉服文化节的开展、环境保护公益活动的落实等。数据结果显示，在对感恩的影响作用上，旅游地经济发展责任的总效应小于社会公平责任和环境保护责任，这可能是经济发展责任相比社会公平责任和环境保护责任不容易通过活动的开展被游客在短暂的旅途中感知到。研究结论再次佐证了相关观点，即个体所感知的社会责任能够激发感恩的积极情绪。

（4）地方认同能够有效介导旅游地社会责任对游客环境责任行为的影响。旅游地环境保护责任、社会公平责任不仅可以直接对游客责任行为产生影响，还可以以地方认同为中介对游客环境责任产生影响。经济发展责任不能通过地方认同的中介作用从而间接影响游客环境责任行为，但可以直接对游客环境责任行为产生正向影响。由于经济发展责任对地方认同的影响并不显著，所以地方认同在旅游地经济发展责任和游客环境责任行为路径之间的中介作用不显著，但可以在社会公正责任和环境保护责任起中介作用，地方认同部分中介了旅游地社会责任对游客环境责任行为的影响，即地方认同可以促进旅游地社会责任对游客环境责任行为产生影响，尤其是在社会公平责任和环境保护责任方面的中介作用更显著。

（5）感恩在旅游地社会责任与游客环境责任行为中起中介作用。与已有文献相比，本书首次证实在千山景区的旅游情境下，旅游地社会责任会正向影响感恩，并且被激发感恩情感的游客会提升环境责任意识，进而产生对景区有利的环境责任行为。这与程卫进等研究发现的旅游地社会责任在发展过程中产生促使游客发生环境积极行为的结论相似。

本章内容的理论意义在于：首先，基于旅游地社会责任的视角，厘清了游客环境责任行为的内涵与维度，探究了游客环境责任行为的形成机制，为研究旅游业中的环境责任行为拓宽了责任主体，同时也为实现旅游地的可持续发展提供了新方向。其次，引入了地方认同和感恩的中介变量，依据感知—情感—行为理论，旅游地社会责任会被游客感知且在内在心理产生感恩、认同的积极情感变化，而这些情感变化又会对游客的行为产生影响，最终促使环境责任行为的产生，证实了游客感恩及地方认同能够在旅游地社会责任与游客环境责任行为之间的正向中介作用，为后续游客环境责任行为的研究提供了新视角，丰富了游客环境责任行为研究的理论维度。

本章内容的管理启示在于：首先，将旅游地社会责任纳入旅游地经营管理中。旅游地社会责任是促成游客环境责任行为生成的重要影响因素，将旅游地社会责任纳入旅游地的经营管理活动中，是旅游地实现可持续发展的关键，通过规章制度、宣传引导等方式开展旅游地责任行为，为游客树立负责任的形象。其次，不断完善旅游目的地景区基础设施建设保障，提升游客对旅游地的地方认同和感恩。由于对旅游地社会责任的感知贯穿游客旅游活动的全过程，因此，在加强游客环境保护意识的同时，也要重视游客的目的地情感。例如，通过改善旅游基础设施，提高旅游质量，注重生态环境的保护，为游客营造安全舒适的旅游气氛，增强游客对目的地的地方认同与感恩，从而促使游客开展环境责任行为，实现旅游的可持续发展。

本章内容的研究局限在于：第一，本书对于假设变量的测量量表都是借鉴国内外已经使用过的量表，缺乏中国文化背景的考虑，因此对于变量测量的适用性问题，在将来可以充分考虑中国文化背景因素，对量表进行重塑和开发。第二，数据采用发放问卷的形式进行收集，由于收集数据的时间有限且景区内游客的数目众多，游客在填写问卷时难免受到其他因素的干扰，进而影响数据的有效性。第三，本书从情感的视角切入探讨了旅游地社会责任（经济发展责任、社会公平责任、环境保护责任）、感恩、地方认同、游客环境责任行为（遵守型、促进型）之间的关系，由于个体的情绪情感是复杂且多变的，所以可以考虑加入其他中介变量和调节变量等，探索不同路径的作用机制。

第九章　结论

本章对游客环境责任行为影响机制研究进行了总结，首先详细阐述了研究的基本结论，然后说明了作者的研究展望，希望引起旅游学界和实践界对游客环境责任行为的重视，推动环境责任行为在旅游界的学术发展。

第一节　研究结论

本书通过扎根分析的质性研究方法，构建游客环境责任行为维度构成和影响因素理论模型。其中，游客环境责任行为的影响因素主要包括：认知因素、环境因素、结果因素、态度因素、情感因素、社会因素，以社会因素和态度因素为主要影响因素；游客在旅游时所实施的环境责任行为主要包括回馈型游客环境责任行为、约束型游客环境责任行为、自愿型游客环境责任行为、劝阻型游客环境责任行为、呼吁型游客环境责任行为五个维度。

依据价值—规范—行为理论模型，运用元分析方法，探讨价值观因素对游客环境责任行为的影响程度和目的地类型的调节效应，发现游客价值观中的环境观、生态观和积极情感因素均对其环境责任行为具有显著的正向影响，自然景观和其他类型的旅游目的地，游客价值观对环境责任行为的影响更显著，相比之下，人文景观强调对文物文化的发扬与传承，影响较弱。

敬畏感对山岳型游客环境责任行为影响实证研究发现，敬畏感对环境责任行为的直接影响效应显著，地方依恋的依赖维度部分中介敬畏感对环境责任行为的正向影响，认同维度不能单独作为上述路径的中介变量，却可以同地方依赖共同在该路径中发挥中介作用。敬畏感对生态型游客环境责任行为影响实证研究发现，敬畏感、小我、道德规范可以正向影响一般环境行为，小我和道德规范分别在敬畏感和游客一般环境行为中起中介作用，与此同时，小我和道德规范在敬畏感和一般环境行为中起链式中介作用。

将自豪感和怀旧感两个情感因素纳入规范激活理论模型，构建文化遗产旅游地游客文化遗产保护行为影响机制的理论分析框架，研究发现规范激活对游客文化遗产保护行为具有较好的解释力，自豪感和怀旧感均正向影响游客文化遗产保护行为，而且道德规范在两种情感与文化遗产保护行为之间具有完全中介作用。

旅游地社会责任对游客环境责任行为影响。实证研究发现，旅游地社会责任对游客环境责任行为有显著正向影响，地方认同和感恩在旅游地社会责任与游客环境责任行为中起中介作用。

第二节　研究展望

尽管现有游客环境责任行为研究已经取得了一些有价值的学术成果，但针对该议题的探讨仍存在不足和亟待完善之处。例如，游客环境责任行为概念的界定、结构维度和测量范式的规范、影响机制的明晰等。尤其是明晰游客环境责任行为形成机制，作为游客环境责任行为领域研究的关键科学问题，对其的深化研究是必然趋势。本书从以下三个方面阐述游客环境责任行为在未来的研究方向。

一、挖掘提炼中国传统文化思想要素对游客环境责任行为的影响机制

游客环境责任行为具有高度情境化的特点，并且深受文化因素的影响。目前，虽然有研究考虑到中国传统文化对游客环境责任行为的影响，但总体来看，只是零散地把中国传统文化的一些观念要素作为调节变量，添加到已有成熟的理论模型中，尚缺乏对中国传统文化思想要素的挖掘和提炼，以及思想要素对游客环境责任行为影响的逻辑辨析。

以我国传统文化思想为理论基础，构建根植于中国传统文化背景的游客环境责任行为模型，无疑具有重要的理论价值。我国传统文化中，儒家和道家的思想

深刻影响人们的行为。为此，可以尝试辨析中国传统哲学思想观念内涵，将典型中国文化思想元素作为变量加入影响机制模型中，构建中国传统文化价值观对游客环境责任行为的影响机制模型。这些文化思想元素如下：

一是和谐观。以"仁"为核心的儒家思，把"和谐"作为基本目标。儒家的和谐观主要体现在人与自身、人与人、人与社会和人与自然四个方面。在人与自身的关系上，主张身心和谐，保持心态平和、恬淡，在肯定人的正当欲求的同时，又强调内心道德情感对感物质欲望追求的节制，提倡"富而可求也，虽执鞭之士，吾亦为之。如不可求，从吾所好"，认为"不义而富且贵，与我如浮云"。在人与人的关系上，主张"爱人"，提倡"明德行仁""成己成人"，以"弟子入则孝，出则弟，谨而信，泛爱众，而亲仁"为基础，通过"己欲立而立人，己欲达而达人""己所不欲，勿施于人"的"忠恕"之道，达到"礼之用，和为贵"的人际和谐状态。在人与社会的关系上，提倡"齐之以礼""和之以义"，强调和谐有序、公平正义，主张"不患寡而患不均，不患贫而患不安"，重视整体和谐的价值功能，认为群体"和则一，一则多，多力则强，强则胜物"。在人与自然的关系上，主张"知命畏天""爱物节用"，从仁者"爱人"生发出仁者"爱物"，强调要把仁爱精神扩展到宇宙万物，把整个自然界看作是统一的生命系统，"天何言哉，四时行焉，百物生焉，天何言哉"，要求人类尊重自然界的一切生命。为此，儒家不但要求人们必须顺应自然规律，"惟天惟大，惟尧则之"，更要求人们"赞天地之化育"，增强自然的责任意识，在塑造人与自然的关系上突出主体地位，主动承担特殊的使命。

二是环境伦理观。儒家强调人与自然的和谐，其实也是其环境伦理观的体现。儒家认为，"天人合一"即是人与自然之和。除此之外，道家学说中也包含着丰富而深刻的生态伦理观。道家的环境伦理观的内涵主要体现在三个方面：第一，"知常曰明""，尊重自然规律。老子说，"夫物芸芸，各复归其根，归根曰静，静曰复命。复命曰常，知常曰明。不知常，妄作，凶"。"知常曰明"，就是说人类运用智慧认识和把握天地万物运动变化的规律。自然界的客观规律不以人的意志为转移，只有认知规律、顺应规律，才能取得成功，违反规律乱做妄为，就会失败。第二，"知和曰常"，保持自然和谐。老子说，"万物负阴而抱阳，冲气以为和"。"知和曰常"是说和谐是事物存在和发展的根本规律，自然万物要想生存和发展，只能处在和谐的状态之下。"崇尚自然""崇尚和谐"是道家环境伦理观的精华所在。第三，"物无贵贱"，尊重万物价值。庄子认为，宇宙中的任何事物"以道观之，物无贵贱"，万物都具有自己独立的不可替代的内在价值。所以，从生态系统整体论来说，人与天地万物是平等的，人对天地万物也应当一视同仁，要让万物自然发展，不能将人类的主观价值尺度强加于万物。第四，"少私寡欲"，提倡合理消费。老子告诫人们，"五色令人目盲；五音令人耳聋；五味令人口爽；驰骋田猎，令人心发狂；难得之货，令人行妨""是以圣人去甚，去奢，去泰"。在生活的态度上，道家主张节制感官享乐，倡导有度的物质生活。道家"少私寡欲"、提倡合理消费的观点，与现代生态伦理学所倡导的"绿色消费"理念不谋而合。第五，"知足止知"，强调可持续发展。老子说，"名与身孰亲？身与货孰多？得与亡孰病？甚爱必大费，多藏必厚亡。知足不辱，知止不殆，可以长久"。"知足知止"是说要约束欲望，使人的欲望时刻保持在自然界承受能力的合理张力之内，根据自然界的承受能力适度开发，有限索取。

需要指出的是，儒家、道家的环境伦理观既有共同点，又存在差异。二者的共性在于都从肯定自然界具有自身内在价值的价值论，推论出人与自然界平等的伦理观，进而确立起人类不应该对自然作恶的行为规范。差异性表现在，在生态价值论上，道家偏重"自然"的价值，强调自然运化的自然目的性和价值性，肯定人和万物的自然本性的价值。儒家则偏重"人文"价值，强调人与社会的生存价值，肯定主体德行的价值；在生态实践观上，道家实践观体现在个人生活方式上具有消减性特征，强调慈爱利物、俭啬有度、知和不争。儒家强调发挥人的主体能动性，肯定主体对人与社会、人与自然关系的协调作用。

三是荣辱观。荣誉与耻辱是对人的行为进行善恶价值评价的一对道德范畴，对人的思想行为具有鲜明的调节、导向和动力作用，其内容和标准因时代、阶层的不同而不同。儒家的荣辱观以"仁""义"为标准，认为"仁则荣，不仁则辱"。在内容方面，儒家荣辱观以"知耻"为核心。所谓知耻，是指人的内心对于荣誉、耻辱应该有清晰的概念认知，对于明辨善恶、荣辱应该有正确的标准尺度。与古希腊的亚里士多德认为耻的本质是外在而后天的社会情感不同，儒家认为其本质是内在而先天的自然德行。基于心理学视角审视，儒家文化中耻的情感体验既表现为羞愧，也表现为内疚。儒家认为耻在人际关系方面的具体表现，就是言行不一和表里不一。

四是面子观。面子是耻感伦理的现实运作机制。人们一般认为，中国传统文化是一种面子文化，面子情结深刻影响人们的价值取向，也调节社会行为和关系。已有研究指出，面子是根植于文化的社会心理建构，具有情境性和可变性；根据不同的视角，面子可以划分为自我知觉到的面子和他人知觉到的面子，道德性面子、地位性面子、才能性面子和人际关系面子等。在旅游学领域，郭晓琳索性研究中国游客的面子结构，认为游客的面子是包含文化资本型面子、消费本位型面子、关系交往型面子、个性彰显型面子的多维度构念。在非惯常环境下，对于游客面子的维度结构及其在面子基础上发展起来的交际互动和身份构建对环境责任行为的影响，仍需进一步探究。

五是幸福观。虽然已有研究表明游客的幸福感对其环境责任行为具有显著的影响，但由于游客幸福感及其环境责任行为呈现出的复杂特点，幸福感对游客环境责任行为的影响效用程度还不甚明确。幸福感不仅是一种自我情感体验，更是一种社会现象，它呈现了一种文化价值观的判断和评价，具有典型的社会文化意义。有学者主要从哲学、社会学、经济学、心理学等不同学科领域来对幸福感的概念进行了阐述。从已有研究的概念来看，从中国传统文化视角进行的概念阐述成果比较稀缺。中国传统文化中的幸福观类型诸多，其中儒家"德福一体"、道家"天和人乐"，对中国人的价值观影响最深远。儒家"德福一体"立足于人的道德价值和人生理想，认为通过自身努力得到和改变"德行"，是实现幸福最高境界——心灵安定的根本途径。儒家认为追求幸福必须做到"知德行德"，从日常小事做起，加强自身道德修养，人们不断提升个人美德的过程就是追求幸福的过程。儒家"德福一体"的幸福观主张仁爱幸福，强调将个人的幸福融于社会的整体中，体现的是"自我独乐不如与民同乐"的幸福境界。道家"天和人乐"认为幸福的本质就是识道、悟道、顺道、行道。"人法地，地法天，天法道，道法自然"，人如果通过"无为""守弱""不争""无欲"等途径，寻求并保持自然界的本然法则，就会享受到致虚守静、逍遥至乐的幸福体验，即所谓"与天和者，谓之天乐"。通过上述简要分析，我们可以看出虽然中国传统文化中的幸福观类型诸多，但关注身体健康、注重个人与社会和谐、合理控制欲望、关心他人，甘于奉献等构成了中国传统幸福观的基本特征。

二、中国文化背景下的游客环境责任行为构成维度与细分行为形成机制

目前，学术界对游客环境责任行为结构到底包含哪些维度尚未达成共识，因此也就未形成普遍认同的测量量表。游客环境责任行为是深受文化情境影响的变量，国内已有研究对游客环境责任行为的测量工具主要借鉴和引用国外的研究成果，国外研究的测量工具是基于西方个人主义思想文化背景下开发的，而中国的文化则具有显著的集体主义思想特征，文化思想的差异性会导致直接应用国外测量工具时因"水土不服"而出现对游客环境责任行为概念理解偏差和覆盖面不足等问题，从而影响研究的深入性。因此，今后研究有必要立足于中国本土文化情境，融入中国文化哲学思想，运用质性研究方法（如扎根理论方法）厘清游客环境责任行为的结构维度，借助定量技术开发出具有显著中国文化特色的测量量表。

另外，游客环境责任行为的高度情境化特性，也有必要聚焦探讨不同旅游地情境下游客环境责任的细分行为的形成机制，如文化遗产旅游、文化旅游、探险旅游等。运用扎根理论等质性方法，挖掘划分细分行为的类型，开发出针对性的测量量表。

元宇宙的构建为沉浸式体验项目的发展提供了契机。虚拟沉浸体验场景对游客环境责任行为的认知和行为的影响及作用机理研究尚属空白，有待深入挖掘。

三、研究方法运用的多元化

从时间效应来看，目前已有研究方法虽涉及量化、质性、实验等，但都忽视了对游客环境责任行为个体的纵向追踪研究。例如，问卷调查研究主要以静态时间横向调查为主，缺乏对同一批被访者或同一区域长时间纵向调查，使研究结论与效力大打折扣。未来可针对游客环境责任行为的某种积极效应进行长期的纵向追踪研究，确定影响的时间效应，如探索游客在旅游情境中产生的环境责任行为回到惯常环境后是否会消散或保持，持久度及冲击力如何。

引用质性研究方法，如扎根理论方法有助于厘清概念维度，模糊集定性比较分析方法有助于探索影响环境责任行为的路径，定性元分析有助于确定环境责任行为的影响因素，提高游客环境责任行为影响变量的准确性。

　　未来可以尝试应用神经科学的成果，如眼动追踪仪、脑成像技术，包括光学成像、脑磁图（PET）、脑电图（EEG）等先进技术从具身视角展开实证研究。此外，随着科技力量的蓬勃发展，虚拟现实（VR）等数智技术应运而生，虚拟沉浸旅游将成为新型的旅游吸引点。虚拟现实等数智技术在游客环境责任行为影响因素研究的应用方面极具有效的可能性，未来可以将数智技术与游客环境责任行为相结合创造新型的研究方法。

参考文献

[1] 安小兰. 荀子 [M]. 北京：中华书局，2016.

[2] 白晓丽，七十三. 群体中的亲环境行为：社会认同过程视角 [J]. 心理科学，2022，45（2）：439-445.

[3] 陈红兵. 传统儒家、道家哲学生态观比较 [J]. 管子学刊，2005（4）：59-64.

[4] 陈鼓应. 老子注释及评介 [M]. 北京：中华书局，2006.

[5] 陈鼓应. 庄子今注今译 [M]. 北京：中华书局，2006.

[6] 初秀英. 儒家和谐思想的思维理路及现代启示 [J]. 理论学习与探索，2007（3）：57-60.

[7] 常跟应. 国外公众环保行为研究综述 [J]. 科学经济社会，2009，27（1）：79-84，88.

[8] 陈英和，白柳，李龙凤. 道德情绪的特点、发展及其对行为的影响 [J]. 心理与行为研究，2015，13（5）：627–636.

[9] 崔汝博. 怀旧对主观幸福感的影响机制 [D]. 广州：暨南大学，2016.

[10] 陈薇，张宏梅，洪学婷. 基于网络游记分析的游客环境责任行为 [J]. 安徽农业大学学报（社会科学版），2018，27（2）：34-40，130.

[11] 蔡礼彬，宋莉. 旅游者幸福感研究述评：基于扎根理论研究方法 [J]. 旅游学刊，2020，35（5）：52-63.

[12] 陈秋颖. 旅游地社会责任对游客环保行为的影响研究 [D]. 兰州：西北师范大学，2022.

[13] 陈阁芝. 游客环境责任行为驱动因素：国内研究总结与展望 [J]. 湖北文理学院学报，2022，43（2）：67-73.

[14] 程卫进，程遂营，刘强. 旅游地社会责任、地方依恋对环境责任行为

的影响研究——以长沙市岳麓山风景名胜区为例 [J]. 地域研究与开发，2022，41（5）：112-118.

[15] 陈彦. 后疫情时代城市居民旅游怀旧对乡村亲环境行为影响研究 [J]. 淮阴师范学院学报（哲学社会科学版），2022，44（6）：624-634.

[16] 陈阁芝，曾泰源. 旅游地支持与游客环境责任行为——兼论生态价值观的调节效应 [J]. 地域研究与开发，2023，42（2）：106-110，117.

[17] 陈阁芝，周国林，刘博. 旅游地支持对游客环境责任行为的影响研究 [J]. 旅游学刊，2023，38（11）：109-123.

[18] 董蕊，彭凯平，喻丰. 积极情绪之敬畏 [J]. 心理科学进展，2013，21（11）：1996-2005.

[19] 窦璐. 旅游者感知价值、满意度与环境负责行为 [J]. 干旱区资源与环境，2016，30（1）：197-202.

[20] 邓祖涛，梁滨，毛焱. 湿地游客环境负责任行为研究：以武汉东湖为例 [J]. 旅游论坛，2016，9（3）：44-49.

[21] 董蕊. 大学生敬畏感与主观幸福感研究 [J]. 教育与教学研究，2016，30（5）：31-40.

[22] 邓雅丹，郭蕾，路红. 决策双系统视角下的亲环境行为述评 [J]. 心理研究，2019，12（2）：154-161.

[23] 段正梁，彭振，贺小荣. 旅游者生态价值观对其环境责任行为的影响——以岳麓山风景区为例 [J]. 地域研究与开发，2021，40（1）：132-137，167.

[24] 段湘辉. 乡村旅游地居民环境价值观对环境责任行为的影响研究——以广西阳朔为例 [D]. 南宁：广西大学，2022.

[25] 范钧，邱宏亮，吴雪飞. 旅游地意象、地方依恋与旅游者环境责任行为——以浙江省旅游度假区为例 [J]. 旅游学刊，2014，29（1）：55-66.

[26] 樊友猛，谢彦君. "体验"的内涵与旅游体验属性新探 [J]. 旅游学刊，2017，32（11）：16-25.

[27] 范香花，黄静波，程励，等. 生态旅游者旅游涉入对环境友好行为的

影响机制 [J]. 经济地理, 2019, 39（1）: 225-232.

［28］方建东, 常保瑞. 怀旧与亲社会行为的关系: 一个有中介的调节模型 [J]. 心理发展与教育, 2019, 35（3）: 303-311.

［29］方远平, 张琦, 李军, 等. 参照群体对游客亲环境行为的影响机制——基于广州市海珠湿地公园的游客群组差异分析 [J]. 经济地理, 2020, 40（1）: 204-213.

［30］冯萍, 阮文奇, 李月. 游客地方依恋与文化遗产保护行为的关系研究——基于扩展的规范激活模型 [J]. 福建农林大学学报（哲学社会科学版）, 2021, 24（5）: 60-70.

［31］冯雪. 环境价值观对旅游者亲环境行为的影响研究 [D]. 长沙: 中南财经政法大学, 2022.

［32］龚文娟, 雷俊. 中国城市居民环境关心及环境友好行为的性别差异 [J]. 海南大学学报（人文社会科学版）, 2007（3）: 340-345.

［33］高静, 洪文艺, 李文明, 等. 自然保护区游客环境态度与行为初步研究——以鄱阳湖国家级自然保护区为例 [J]. 经济地理, 2009, 29（11）: 1931-1936.

［34］郭晓琳. 中国旅游者的面子结构与旅游行为——一项探索性研究 [J]. 人文地理, 2015, 30（1）: 122-128.

［35］郭晓琳, 林德荣. 中国本土消费者的面子意识与消费行为研究述评 [J]. 外国经济与管理, 2015, 37（11）: 63-71.

［36］郭清卉, 李昊, 李世平, 等. 个人规范对农户亲环境行为的影响分析: 基于拓展的规范激活理论框架 [J]. 长江流域资源与环境, 2019, 28（5）: 1176-1184.

［37］高杨, 白凯, 马耀峰. 旅游者幸福感对其环境责任行为影响的元分析 [J]. 旅游科学, 2020, 34（6）: 16-31.

［38］高志强. 儒家敬畏的核心文化心理特征及其内在理路 [J]. 心理学探新, 2021, 41（4）: 297-301.

［39］郭佳明, 蒋依依, 谢婷, 等. 奥运遗产旅游情境下自豪感与敬畏感对游客遗产责任行为的影响机制研究——以地方依恋为中介 [J]. 新经

济，2024（1）：124-137.

［40］黄向，保继刚，Wall G. 场所依赖（place attachment）：一种游憩行为现象的研究框架［J］. 旅游学刊，2006，21（9）：19-24.

［41］黄延聪，林奕辰. 游客的绿色购买行为：以旅游当地农产品为例［J］. 观光休闲学报，2014，20（1）：51-80.

［42］霍华德·R. 鲍恩. 商人的社会责任［M］. 肖红军，王晓光，周国银译. 北京：经济管理出版社，2015.

［43］洪学婷，张宏梅. 国外环境责任行为研究进展及对中国的启示［J］. 地理科学进展，2016，35（12）：1459-1472.

［44］黄涛，刘晶岚. 长城国家公园游客环境友好行为意愿的影响研究——地方依恋的中介作用［J］. 中南林业科技大学学报（社会科学版），2017，11（5）：70-75.

［45］何学欢，胡东滨，马北玲，等. 旅游地社会责任对居民生活质量的影响机制［J］. 经济地理，2017，37（8）：207-215.

［46］何学欢，胡东滨，粟路军. 境外旅游者环境责任行为研究进展及启示［J］. 旅游学刊，2017，32（9）：57-69.

［47］洪学婷，张宏梅，张业臣. 旅游体验对旅游者环境态度和环境行为影响的纵向追踪研究［J］. 自然资源学报，2018，33（9）：1642-1656.

［48］胡兵，李婷，文彤. 上市旅游企业社会责任的结构维度与模型构建——基于扎根理论的探索性研究［J］. 旅游学刊，2018，33（10）：31-40.

［49］黄涛，刘晶岚，唐宁，等. 价值观、景区政策对游客环境责任行为的影响——基于TPB的拓展模型［J］. 干旱区资源与环境，2018，32（10）：88-94.

［50］洪晶晶. 游客感知视角下旅游地游客敬畏情绪的影响因素研究［D］. 保定：河北大学，2020.

［51］侯志强，曹咪. 游客的怀旧情绪与忠诚——历史文化街区的实证［J］. 华侨大学学报（哲学社会科学版），2020（6）：26-42，79.

［52］何学欢，成锦，胡东滨，等. 服务质量对旅游者环境责任行为的影响

机制[J]. 经济地理,2021,41(8):232-240.

[53] 何云梦,徐菲菲.自然保护地旅游者亲环境行为驱动机制——以南京鱼嘴湿地公园为例[J].自然资源学报,2023,38(4):1010-1024.

[54] 何琪敏,谈国新.文化生态保护区游客非遗先前知识、感知价值与行为影响机制研究[J].旅游科学,2023,37(5):98-119.

[55] 何欢.中国文化背景下旅游者环境责任行为意向研究[D].武汉:武汉大学,2023.

[56] 何青青.旅游者环境责任行为价值对行为意愿的影响研究[D].成都:西南财经大学,2023.

[57] 贺小荣,彭星星,徐海超.酒店绿色实践对个体亲环境行为的影响机制研究[J].旅游学刊,2023,38(12):57-70.

[58] 黄志惠.基于AR技术的旅游体验、真实性对游客文化遗产保护行为意向影响研究[D].广州:广东财经大学,2024.

[59] 金仁权,崔昌海.二程与朱熹的主敬思想[J].东疆学刊,2000(1):8-13.

[60] 鞠晗.道家的生态伦理思想及其现代价值[J].中共济南市委党校济南市行政学院济南市社会主义学院学报,2002(2):112-114.

[61] 蒋颖荣.中国传统文化中的幸福观[J].思想政治工作研究,2011(1):18-20.

[62] 井婷.儒家文化中"耻"的心理意蕴及启示[J].哈尔滨师范大学社会科学学报,2011,2(3):19-23.

[63] 贾衍菊,林德荣.旅游者环境责任行为:驱动因素与影响机理——基于地方理论的视角[J].中国人口·资源与环境,2015,25(7):161-169.

[64] 贾衍菊,林德荣.旅游者服务感知、地方依恋与忠诚度——以厦门为例[J].地理研究,2016,35(2):390-400.

[65] 蒋怡斌,张红,张春晖,等.影视旅游者真实性感知、怀旧情感和地方依恋对行为意图的影响——以西安白鹿原影视城为例[J].浙江大学学报(理学版),2021,48(4):508-520.

［66］江金波，孙韶雄. 怀旧情感对历史文化街区游客环境责任行为的影响
　　 研究——感知价值和地方依恋的中介作用［J］. 人文地理，2021，36
　　 （5）：83-91.

［67］金红燕，孙根年，张兴泰，等. 传统村落旅游真实性对旅游者环境责
　　 任行为的影响研究——怀旧和道家生态价值观的作用［J］. 浙江大学
　　 学报（理学版），2022，49（1）：121-130.

［68］季磊磊. 乡村旅游者地方情感对环境责任行为影响的研究［D］. 上海：
　　 上海师范大学，2022.

［69］凯西. 卡麦兹. 建构扎根理论：质性研究实践指南［M］. 边国英译.
　　 重庆：重庆大学出版社，2016.

［70］柯金宏，赵娜. 打破物质主义和孤独的恶性循环：敬畏的调节作用［J］.
　　 心理技术与应用，2020，8（3）：129-139.

［71］林朝钦，李英弘. 游憩体验之多阶段性验证［J］. 户外游憩研究，
　　 2001，14（1）：1-10.

［72］李广义，吕锡琛. 道家生态伦理思想及其普世伦理意蕴［J］. 湖南科
　　 技大学学报（社会科学版），2009，12（1）：102-105.

［73］刘明明. 从"保护"到"回馈"——论环境法义务观的逻辑嬗变［J］.
　　 中国人口·资源与环境，2009，19（3）：46-49.

［74］刘国红. 儒家"耻"文化及其现代伦理意蕴［J］. 深圳大学学报（人
　　 文社会科学版），2009，26（1）：42-45.

［75］李玮. 先秦儒家荣辱观的历史意义与现代价值［J］. 商丘师范学院学
　　 报，2009，25（5）：76-79.

［76］罗芬，钟永德. 武陵源世界自然遗产地生态旅游者细分研究——基于
　　 环境态度与环境行为视角［J］. 经济地理，2011，31（2）：333-338.

［77］黎建新，王璐. 促进消费者环境责任行为的理论与策略分析［J］. 求
　　 索，2011（10）：78-79.

［78］吕英，李亚兵，柳春岩. 旅行社社会责任与游客满意度和重复购买意
　　 愿的关系研究——以兰州游客为例［J］. 大连理工大学学报（社会科
　　 学版），2012，33（1）：72-77.

［79］罗艳菊，黄宇，毕华，等．基于环境态度的城市居民环境友好行为意向及认知差异——以海口市为例［J］．人文地理，2012，27（5）：69-75．

［80］刘贤伟，吴建平．大学生环境价值观与亲环境行为：环境关心的中介作用［J］．心理与行为研究，2013，11（6）：780-785．

［81］李秋成，周玲强．社会资本对旅游者环境友好行为意愿的影响［J］．旅游学刊，2014，29（9）：73-82．

［82］李秋成．人地、人际互动视角下旅游者环境责任行为意愿的驱动因素研究［D］．杭州：浙江大学，2015．

［83］李涛，陈芸．我国游客不文明行为及其管理［J］．经济管理，2015，37（11）：113-123．

［84］柳红波．大学生环境意识与旅游环境责任行为意愿［J］．当代青年研究，2016（2）：62-66．

［85］芦慧，刘霞，陈红．企业员工亲环境行为的内涵、结构与测量研究［J］．软科学，2016，30（8）：69-74．

［86］卢东，张博坚，王冲，等．产生敬畏的游客更有道德吗？——基于实验方法的探索性研究［J］．旅游学刊，2016，31（12）：51-61．

［87］罗文斌，张小花，钟诚，等．城市自然景区游客环境责任行为影响因素研究［J］．中国人口·资源与环境，2017，27（5）：161-169．

［88］吕丽辉，王玉平．山岳型旅游景区敬畏情绪对游客行为意愿的影响研究——以杭州径山风景区为例［J］．世界地理研究，2017，26（6）：131-142．

［89］柳红波，郭英之，李小民．世界遗产地旅游者文化遗产态度与遗产保护行为关系研究——以嘉峪关关城景区为例［J］．干旱区资源与环境，2018，32（1）：189-195．

［90］黎耀奇，关巧玉．旅游怀旧：研究现状与展望［J］．旅游学刊，2018，33（2）：105-116．

［91］刘建一，吴建平．亲环境行为溢出效应：类型、机制与影响因素［J］．心理研究，2018，11（3）：261-268．

［92］李志飞，李天骄．旅游者环境责任行为研究——基于国内外文献的比较分析［J］．旅游研究，2018，10（5）：41-54.

［93］刘法建，徐金燕，吴楠．基于元分析的旅游者重游意愿影响因素研究［J］．旅游科学，2019，33（1）：33-53.

［94］李文明，殷程强，唐文跃，等．观鸟旅游游客地方依恋与亲环境行为——以自然共情与环境教育感知为中介变量［J］．经济地理，2019，39（1）：215-224.

［95］梁昊琼．敬畏情绪对绿色消费行为的影响［D］．太原：山西师范大学，2019.

［96］李静思．中学生自豪感的测量与特点［D］．南京：南京师范大学，2019.

［97］梁剑平，郭蕾蕾，刘招斌．偶发的敬畏情绪会激励人们捐赠吗？[J]．东北大学学报（社会科学版），2020，22（4）：38-46.

［98］罗文斌，谢海丽，雷洁琼，等．基于元分析的游客环境责任行为影响因素整合研究［J］．长江流域资源与环境，2020，29（9）：1941-1953.

［99］李从治，潘辉，潘滢．人地情感对森林公园环境负责行为的影响研究［J］．干旱区资源与环境，2021，35（4）：31-37.

［100］李文明，裴路霞，朱安琪，等．以环境知识为调节变量的历史文化街区旅游者环境责任行为驱动机理研究［J］．地域研究与开发，2021，40（5）：113-118，137.

［101］李卓，赵亮．游客敬畏情绪诱发情境与维度构成［J］．中国冶金教育，2021（6）：112-120.

［102］李曼硕，赵亮，李卓．旅游情境下视障游客敬畏情绪体验研究［J］．中国冶金教育，2022（1）：115-120.

［103］吕丽辉，王若璇．自然共情对游客环境责任行为的影响——以旅游涉入为中介变量［J］．杭州电子科技大学学报（社会科学版），2022，18（2）：1-6，22.

［104］罗利，杨东，陈圣栋，等．特质敬畏对亲社会倾向的正向预测：自我超越和共情的多重中介作用［J］．心理与行为研究，2022，20

（3）：390-396.

［105］李东，于智伟，刘旭义. 旅游地企业社会责任与居民亲旅游行为——一个被调节的中介作用模型［J］. 地域研究与开发，2022，41（3）：123—128，134.

［106］刘宇. 论中国儒家文化中的耻感伦理及其现代性转化［J］. 南开学报（哲学社会科学版），2022（6）：89-98.

［107］林叶强，沈晔. 沉浸式体验：创意、科技和旅游的融合［J］. 旅游学刊，2022，37（10）：6-8.

［108］吕丽辉，汪燕. 敬畏情绪对山岳景区游客环境责任行为的影响——以道德规范为中介［J］. 杭州电子科技大学学报（社会科学版），2023，19（2）：17-24.

［109］龙春凤，单军，柴啸森. 旅游目的地居民品牌大使行为形成机制——基于 MOA 模型的实证分析［J］. 经济问题，2023（6）：96-105.

［110］罗红. 游客研学旅行体验对其亲环境行为的影响研究［D］. 雅安：四川农业大学，2023.

［111］李瑞，谢梦月，钟林生，等. 世界自然遗产地游客环境关心、环境情感与亲环境行为研究［J］. 干旱区资源与环境，2023，37（12）：192-200.

［112］骆培聪，赵雪祥，唐艺烜，等. 环境教育感知对游客实施环境责任行为的影响——基于 SOR 理论视角［J］. 重庆工商大学学报（社会科学版），2023，40（4）：117-126.

［113］刘文图，陈婕. 大学生旅游环境责任行为构成维度和影响因素——基于扎根理论的研究［J］. 高校辅导员学刊，2023，15（5）：39-47，97.

［114］马北玲，粟路军. 旅游地声誉与旅游者忠诚关系研究［J］. 经济地理，2014，34（8）：173-179.

［115］马晓伟. 怀旧对道德判断的影响：共情的中介作用［D］. 哈尔滨：哈尔滨师范大学，2021.

［116］牛璟祺，刘静艳. 具身感知情境下的游客环境责任行为意向——敬

畏感与预期自觉情绪的唤起 [J]. 旅游学刊，2022，37（5）：80-95.

[117] 潘莉，张梦，张毓峰. 地方依恋元素和强度分析——基于青年游客的质性研究 [J]. 旅游科学，2014，28（2）：23-34.

[118] 彭丽徽，李贺，张艳丰，等. 用户隐私安全对移动社交媒体倦怠行为的影响因素研究——基于隐私计算理论的 CAC 研究范式 [J]. 情报科学，2018，36（9）：96-102.

[119] 潘丽丽，王晓宇. 景区情境因素对游客环境行为意愿影响研究——以西溪国家湿地公园为例 [J]. 湿地科学，2018，16（5）：597-603.

[120] 邱皓政. 结构方程模型的原理与应用 [M]. 北京：中国轻工业出版社，2009.

[121] 祁秋寅，张捷，杨旸，等. 自然遗产地游客环境态度与环境行为倾向研究——以九寨沟为例 [J]. 旅游学刊，2009，24（11）：41-46.

[122] 邱宏亮. 道德规范与旅游者文明旅游行为意愿——基于 TPB 的扩展模型 [J]. 浙江社会科学，2016，（3）：96—103，159.

[123] 邱宏亮. 旅游节庆意象、节庆依恋、节庆游客环境态度与行为——以杭州西溪花朝节为例 [J]. 浙江社会科学，2017（2）：84-93，117.

[124] 邱宏亮，周国忠. 旅游者环境责任行为：概念化、测量及有效性 [J]. 浙江社会科学，2017（12）：88-98，131，158.

[125] 邱宏亮. 旅游者环境责任行为测量维度及影响机制研究 [D]. 杭州：浙江工商大学，2017.

[126] 祁潇潇，赵亮，胡迎春. 敬畏感对旅游者实施环境责任行为的影响——以地方依恋为中介 [J]. 旅游学刊，2018，33（11）：110-121.

[127] 邱宏亮，范钧，赵磊. 旅游者环境责任行为研究述评与展望 [J]. 旅游学刊，2018，33（11）：122-138.

[128] 屈小爽，张大鹏. 传统村落游客感知价值、地方认同对公民行为的影响 [J]. 企业经济，2021，40（3）：123-131.

[129] 茹世青. 中国传统荣辱观的价值意蕴 [J]. 中共杭州市委党校学报，2008（4）：66-69.

[130] 饶雪可. 峨眉山风景名胜区游客环境价值观对环境责任行为意向影

响研究［D］. 成都：四川大学，2021.

［131］宋惠昌. 中国传统荣辱思想的价值［J］. 道德与文明，2006（4）：4-6.

［132］孙业晓. 儒家和谐伦理思想的意蕴及其现代启示［J］. 辽宁行政学院学报，2008（6）：204-205.

［133］宋玉蓉，卿前龙. 基于游客动机的汶川地震遗址旅游吸引力研究［J］. 四川师范大学学报（社会科学版），2011，38（5）：158-163.

［134］孙岩，宋金波，宋丹荣. 城市居民环境行为影响因素的实证研究［J］. 管理学报，2012，9（1）：144-150. 苏勤，钱树伟. 世界遗产地旅游者地方感影响关系及机理分析——以苏州古典园林为例［J］. 地理学报，2012，67（8）：1137-1148.

［135］盛婷婷，杨钊. 国外地方感研究进展与启示［J］. 人文地理，2015，30（4）：11-17，115.

［136］粟路军，何学欢，胡东滨，等. 服务质量对旅游者抵制负面信息意愿的影响机制研究——基于 Stimulus-Organism-Response（S-O-R）分析框架［J］. 旅游科学，2017，31（6）：30-51.

［137］盛光华，戴佳彤，龚思羽. 空气质量对中国居民亲环境行为的影响机制研究［J］. 西安交通大学学报（社会科学版），2018，40（2）：95-103.

［138］孙颖，贾东丽，蒋奖，等. 敬畏对亲环境行为意向的影响［J］. 心理与行为研究，2020，18（3）：383-389.

［139］粟路军，唐彬礼. "先扬后抑，还是先抑后扬"？旅游地社会责任的信息框架效应研究［J］. 旅游科学，2020，34（6）：86-105.

［140］孙晶. 情境因素、游客涉入对环境责任行为的影响研究［D］. 南昌：江西师范大学，2020.

［141］孙佼佼，杨昀. 基于模糊集定性比较分析的旅游者环境责任行为影响路径研究——以周庄为例［J］. 干旱区资源与环境，2020，34（11）：189-195.

［142］孙一凡，陈虎. 多重规范视角下旅游者环境责任行为研究［J］. 当代

旅游，2021，19（22）：53-55.

[143] 苏振，袁荐萍. 旅游者幸福感对环境责任行为的影响研究——以地方依恋为中介 [J]. 广东农工商职业技术学院学报，2023，39（3）：12-18.

[144] 沈蕾，江黛苔，陈宁，等. 自豪感的神经基础：比较的视角 [J]. 心理科学进展，2021，29（1）：131-139.

[145] 宋瑞. 旅游发展与文化遗产：何以相促 [J]. 旅游学刊，2024，39（3）：10-12.

[146] 田青. 湄洲岛旅游者地方认同研究 [D]. 长沙：湖南师范大学，2015.

[147] 唐文跃. 地方感研究进展及研究框架 [J]. 旅游学刊，2007（11）：70-77.

[148] 唐文跃，张捷，罗浩，等. 古村落居民地方依恋与资源保护态度的关系——以西递、法村、南屏为例 [J]. 旅游学刊，2008，23（10）：87-92.

[149] 唐文跃. 城市居民游憩地方依恋特征分析——以南京夫子庙为例 [J]. 地理科学，2011（10）：1202-1207.

[150] 田野，卢东，Samart P. 游客的敬畏与忠诚：基于情绪评价理论的解释 [J]. 旅游学刊，2015，30（10）：80-88.

[151] 田野，卢东，吴亭. 敬畏情绪与感知价值对游客满意度和忠诚的影响——以西藏旅游为例 [J]. 华东经济管理，2015，29（10）：79-85.

[152] 拓倩，李创新. 国内文明旅游的研究进展、理论述评与学术批判 [J]. 旅游学刊，2018，33（4）：90-102.

[153] 谈天然. 环境破坏情景下游客环境友好行为的形成机制——环境解说的前因影响与儒家价值观的调节效应 [J]. 福建商学院学报，2020（3）：30-38.

[154] 屠欧阳颖. 旅游地社会责任与游客公民行为关系研究 [D]. 长沙：湖南师范大学，2020.

[155] 田泽民，程乾，石张宇. 旅游者环境责任行为驱动因素——破窗理

论的视角 [J]. 社会科学家，2020（8）：32-37.

[156] 涂红伟，张志慧，马建峰. 顾客感恩研究述评与展望 [J]. 外国经济与管理，2021，43（2）：68-83.

[157] 唐铭. 道家价值观对游客环境责任行为的影响研究 [J]. 河北环境工程学院学报，2021，31（6）：42-47.

[158] 涂红伟，陈晔，江梓铭. 居民价值共创行为对游客公民行为的影响——游客感恩的中介效应与特质犬儒主义的调节效应 [J/OL]. 南开管理评论，2022：1-27.

[159] 童明勇. 基于 VAB 模型的游客遗产保护行为影响因素研究 [D]. 杭州：浙江工商大学，2023.

[160] 武春友，孙岩. 环境态度与环境行为及其关系研究的进展 [J]. 预测，2006（4）：61-65.

[161] 王秋李. 儒家和谐思想及其当代启示 [J]. 理论界，2006（9）：176-177.

[162] 王永平. 儒家和谐思想的内涵及特征 [J]. 北方论丛，2007（6）：101-105.

[163] 王凤. 公众参与环保行为影响因素的实证研究 [J]. 中国人口·资源与环境，2008，18（6）：30-35.

[164] 吴明隆. 结构方程模型：AMOS 的操作与应用（第二版）[M]. 重庆：重庆大学出版社，2010.

[165] 王国猛，黎建新，廖水香，等. 环境价值观与消费者绿色购买行为——环境态度的中介作用研究 [J]. 大连理工大学学报（社会科学版），2010，31（4）：37-42.

[166] 吴凌鸥. 儒家传统道德中的敬畏思想 [J]. 牡丹江大学学报，2011，20（17）：18-20.

[167] 吴冬梅，庞雅莉. 中西方"幸福"观探讨 [J]. 社会科学家，2012（6）：153-157.

[168] 王坤，黄震方，方叶林，等. 文化旅游区游客涉入对地方依恋的影响测评 [J]. 人文地理，2013，28（3）：135-141.

[169] 万基财，张捷，卢韶婧，等. 九寨沟地方特质与旅游者地方依恋和环保行为倾向的关系 [J]. 地理科学进展，2014，21（3）：411-421.

[170] 吴丽敏，黄震方，王坤，等. 国内外旅游地地方依恋研究综述 [J]. 热带地理，2015，35（2）：275-283.

[171] 王建明，王丛丛. 消费者亲环境行为的影响因素和干预策略——发达国家的相关文献述评 [J]. 管理现代化，2015，35（2）：127-129.

[172] 王克军，马耀峰. 旅游者情感动机的实证研究 [J]. 地理与地理信息科学，2015，31（3）：111-117.

[173] 王建明，吴龙昌. 绿色购买的情感 - 行为双因素模型：假设和检验 [J]. 管理科学，2015，28（6）：80-94.

[174] 王建明，吴龙昌. 亲环境行为研究中情感的类别、维度及其作用机理 [J]. 心理科学进展，2015，23（12）：2153-2166.

[175] 汪荣有. 论道德敬畏 [J]. 齐鲁学刊，2016，（1）：80-84.

[176] 王凯，李志苗，肖燕. 城市依托型山岳景区游客亲环境行为：以岳麓山为例 [J]. 热带地理，2016，36（2）：237-244.

[177] 王云强. 情感主义伦理学的心理学印证——道德情绪的表征及其对道德行为的影响机理 [J]. 南京师范大学学报（社会科学版），2016（6）：128-135.

[178] 汪曲，李燕萍. 团队内关系格局能影响员工沉默行为吗：基于社会认知理论的解释框架 [J]. 管理工程学报，2017，31（4）：34-44.

[179] 王江哲，王刚，李维维. 观光旅游者地方依恋、满意度与忠诚度间关系研究 [J]. 地域研究与开发，2017，36（5）：115-120，145.

[180] 王小琴，苏媛. 儒道幸福观与当代大学生的价值观 [J]. 山西高等学校社会科学学报，2018，30（1）：72-74.

[181] 王华，李兰. 生态旅游涉入、群体规范对旅游者环境友好行为意愿的影响——以观鸟旅游者为例 [J]. 旅游科学，2018，32（1）：86-95.

[182] 王国轩，董安南，段锦云. 怀旧心理研究：概念、理论及展望 [J]. 心理技术与应用，2018，6（3）：151-160.

[183] 王晓宇. 情境因素对游客破坏环境行为的影响研究 [D]. 杭州：浙江工商大学，2018.

[184] 王纯阳，李文俊. 遗产旅游地应承担哪些社会责任？[J]. 干旱区资源与环境，2018，32（8）：191-196.

[185] 吴晶，葛鲁嘉，何思彤. 幸福感研究的本土化——浅谈道家幸福观 [J]. 心理学探新，2019，39（5）：411-415.

[186] 王静. 游客环保行为的认同前因及溢出效应研究 [D]. 泉州：华侨大学，2019.

[187] 王影，库婷婷，许书萍，等. 敬畏感的情绪成分分析：基于社交网络的文本挖掘 [J]. 心理技术与应用，2020，8（4）：235-242.

[188] 吴建兴. 社会互动、面子与旅游者环境责任行为研究 [D]. 杭州：浙江大学，2020.

[189] 王建华，钭露露. 多维度环境认知对消费者环境友好行为的影响 [J]. 南京工业大学学报（社会科学版），2021，20（3）：78-94，110.

[190] 王财玉，姬少华. 特质敬畏对大学生自然联结的影响：自然美感的中介作用 [J]. 绍兴文理学院学报（教育版），2022，42（1）：24-29.

[191] 汪熠杰，吕宛青，倪向丽. 考虑羊群效应的旅游不文明行为形成与演化——基于演化博弈分析 [J]. 华侨大学学报（哲学社会科学版），2022（4）：37-50.

[192] 王雨晨，焦育琛，周文丽. 沙漠旅游生态内疚感与重游意愿——基于亲环境行为的遮掩效应 [J]. 地域研究与开发，2022，41（6）：117-122.

[193] 吴巧芳. 旅游地文化氛围对旅游者遗产保护行为的影响研究 [D]. 泉州：华侨大学，2022.

[194] 王雨晨，焦育琛. 虚拟旅游体验与游客实地旅游意愿：基于SOR理论的双刃剑效应检验——以莫高窟虚拟景区为例 [J]. 旅游论坛，2023，16（2）：95-105.

[195] 王佳钰，徐菲菲，严星雨，等. 野生动物旅游者价值观、共情态度与动物友好行为意向研究 [J]. 旅游学刊，2023，38（12）：14-25.

［196］薛婧，黄希庭. 怀旧心理研究述评［J］. 心理科学进展，2011，19（4）：608-616.

［197］夏赞才，陈双兰. 生态游客感知价值对环境友好行为意向的影响［J］. 中南林业科技大学学报（社会科学版），2015，9（1）：27-32，77.

［198］徐广路，沈惠璋. 经济增长、幸福感与社会稳定［J］. 经济与管理研究，2015（11）：3-11.

［199］夏凌云，于洪贤，王洪成，等. 湿地公园生态教育对游客环境行为倾向的影响——以哈尔滨市5个湿地公园为例［J］. 湿地科学，2016，14（1）：72-81.

［200］徐菲菲，何云梦. 环境伦理观与可持续旅游行为研究进展［J］. 地理科学进展，2016，35（6）：724-736.

［201］习近平. 推动我国生态文明建设迈上新台阶［J］. 求是，2019（3）：1-10.

［202］徐虹，周泽鲲. 气味景观感知对乡村地方依恋的影响机制研究——兼论怀旧的中介作用［J］. 人文地理，2020，35（4）：48-55.

［203］辛志勇，杜晓鹏，李冰月. 敬则不逐物——敬畏对炫耀性消费倾向的抑制：小我的中介作用［J］. 心理科学，2021，44（3）：642-650.

［204］徐洪，涂红伟. 景区环境质量对游客亲环境行为的影响研究——以武夷山风景名胜区为例［J］. 林业经济，2021，43（12）：39-54.

［205］肖悦，刘金广. 中国传统文化对游客亲环境行为的影响机理研究［J］. 绿色科技，2022，24（15）：246-250.

［206］杨国枢，余安邦，叶明华. 中国人的个人传统性与现代性：概念与测量［M］. 杨国枢，黄光国，译. 中国人的心理与行为. 台北：桂冠图书公司，1991：241-306.

［207］夏涛，吕银枫. 崇尚自然，关爱生命——道家生态伦理述评［J］. 兰州学刊，2003（4）：65-66，88.

［208］杨伯峻. 论语译注［M］. 北京：中华书局，2004.

［209］燕良轼，姚树桥，谢家树，等. 论中国人的面子心理［J］. 湖南师范大学教育科学学报，2007（6）：119-123，126.

[210] 杨峻岭. 先秦儒家耻感思想的基本内容、主要特征及其现实意义 [J]. 伦理学研究, 2008（2）: 69-72.

[211] 喻承甫, 张卫, 李董平, 等. 感恩及其与幸福感的关系 [J]. 心理科学进展, 2010, 18（7）: 1110-1121.

[212] 杨玲, 王含涛. 真实自豪与自大自豪倾向量表的修订及适用 [J]. 心理与行为研究, 2011, 9（2）: 98-103.

[213] 杨智, 董学兵. 居民可持续消费行为及意向实证研究——以长沙市为例 [J]. 城市问题, 2011（3）: 60-66.

[214] 余晓婷, 吴小根, 张玉玲, 等. 旅游者环境责任行为驱动因素研究——以台湾为例 [J]. 旅游学刊, 2015, 30（7）: 49-59.

[215] 姚丽芬, 龙如银. 基于扎根理论的游客环保行为影响因素研究 [J]. 重庆大学学报（社会科学版）, 2017, 23（1）: 17-25.

[216] 于亢亢, 赵华, 钱程, 等. 环境态度及其与环境行为关系的文献评述与元分析 [J]. 环境科学研究, 2018, 31（6）: 1000-1009.

[217] 余召臣. 遗产旅游与文化认同的模型建构与实践策略——基于互动仪式链的视角 [J]. 西南民族大学学报（人文社会科学版）, 2022, 43（3）: 34-42.

[218] 余润哲, 黄震方, 鲍佳琪, 等. 怀旧情感下乡村旅游者的主观幸福感与游憩行为意向的影响 [J]. 旅游学刊, 2022, 37（7）: 107-118.

[219] 张长虹.《老子》生态伦理思想的现代启示 [J]. 道德与文明, 2004（4）: 51-54.

[220] 翟学伟. 人情、面子与权力的再生产——情理社会中的社会交换方式 [J]. 社会学研究, 2004（5）: 48-57.

[221] 张莹瑞, 佐斌. 社会认同理论及其发展 [J]. 心理科学进展, 2006, 14（3）: 475-480.

[222] 周美伶, 何友晖. 从跨文化的观点分析面子的内涵及其在社会交往中的运作 [M]. 翟学伟, 译. 中国社会心理学评论（第二辑）. 北京: 社会科学文献出版社, 2006: 186-216.

[223] 张莹瑞. 青少年的中华民族认同与国家自豪感和国民刻板印象的关

系［J］．武汉：华中师范大学，2007．

［224］张琼．儒家和谐思想的现代解读［J］．理论观察，2007（3）：42-43．

［225］张向葵，冯晓杭，David M．自豪感的概念、功能及其影响因素［J］．心理科学，2009，32（6）：1398-1400．

［226］张德昭，王净．论儒道生态伦理观的共性及其当代意义［J］．重庆大学学报（社会科学版），2010，16（6）：112-118．

［227］朱竑，刘博．地方感、地方依恋与地方认同等概念的辨析及研究启示［J］．华南师范大学学报（自然科学版），2011（1）：1-8．

［228］张国超．我国公众参与文化遗产保护行为及影响因素实证研究［J］．东南文化，2012（6）：21-27．

［229］赵宗金，董丽丽，王小芳．地方依附感与环境行为的关系研究——基于沙滩旅游人群的调查［J］．社会学评论，2013，1（3）：76-85．

［230］朱宇巍．海岛旅游者的环境行为教育研究——以大连市广鹿岛为例［D］．大连：辽宁师范大学，2013．

［231］《〈中华人民共和国旅游法〉解读》编写组．《中华人民共和国旅游法》解读［M］．北京：中国旅游出版社，2013．

［232］周玲强，李秋成，朱琳．行为效能、人地情感与旅游者环境负责行为意愿：一个基于计划行为理论的改进模型［J］．浙江大学学报（人文社会科学版），2014，44（2）：88-98．

［233］张玉玲，张捷，赵文慧．居民环境后果认知对保护旅游地环境行为影响研究［J］．中国人口资源与环境，2014，24（7）：149-156．

［234］朱峰，王江哲，王刚．游客地方依恋、满意度与重游意愿关系研究——求新求异动机的调节作用［J］．商业研究，2015（10）：180-187．

［235］张安民，李永文．游憩涉入对游客亲环境行为的影响研究——以地方依附为中介变量［J］．中南林业科技大学学报（社会科学版），2016，10（1）：70-78．

［236］朱梅．基于多样本潜在类别的旅游者生态文明行为分析——以苏州市为例［J］．地理研究，2016，35（7）：1329-1343．

［237］张环宙，李秋成，吴茂英．自然旅游地游客生态行为内生驱动机制

实证研究——以张家界景区和西溪湿地为例 [J]．经济地理，2016，36（12）：204-210．

[238] 张玉玲，郭永锐，郑春晖．游客价值观对环保行为的影响：基于客源市场空间距离与区域经济水平的分组探讨 [J]．旅游科学，2017，31（2）：1-14．

[239] 张琼锐，王忠君．基于 TPB 的游客环境责任行为驱动因素研究——以北京八家郊野公园为例 [J]．干旱区资源与环境，2018，32（3）：203-208．

[240] 张晶晶．生态旅游示范景区服务空间、品牌形象与游客满意度关系 [J]．林业经济问题，2019，39（2）：204-210．

[241] 张学珍，赵彩杉，董金玮，等．1992-2017 年基于荟萃分析的中国耕地撂荒时空特征 [J]．地理学报，2019，74（3）：411-420．

[242] 赵欢欢，许燕，张和云．中国人敬畏特质的心理结构研究 [J]．心理学探新，2019，39（4）：345-351．

[243] 曾振宇，李富强．羞耻的本质及其伦理价值 [J]．伦理学研究，2019（6）：14-20．

[244] 张圆刚，程静静，朱国兴，等．古村落旅游者怀旧情感对环境负责任行为的影响机理研究 [J]．干旱区资源与环境，2019，33（5）：190-196．

[245] 朱芳，苏勤．高尔夫旅游者的环境态度和环境行为意向：专业化水平的调节作用 [J]．草业科学，2020，37（2）：393-402．

[246] 张圆刚，余润哲．旅游者环境责任行为影响因素研究的元分析 [J]．人文地理，2020，35（5）：141-149．

[247] 张婷，刘晶岚，丛丽，等．感知价值、地方依恋对游客环境责任行为的影响——以北京奥林匹克森林公园为例 [J]．干旱区资源与环境，2020，34（6）：202-208．

[248] 周宏，张霄鹤．敬畏情绪对绿色产品购买意向的影响研究——基于规范激活理论的视角 [J]．全国流通经济，2020（26）：6-9．

[249] 张智琦，朱睿达，刘超．国家自豪感对亲社会行为的影响：群体

类型和忠诚度的调节作用 [J]. 科学通报，2020，65（19）：1956-1966.

[250] 张崔娟. 面子对旅游者不当行为的影响研究 [D]. 西安：陕西师范大学，2020.

[251] 赵刘. 理解——旅游体验的生存之维 [J]. 旅游学刊，2021，36（4）：136-146.

[252] 张庆芳，徐红罡. 野生动物观赏旅游者的敬畏感体验：基于斯里兰卡大象旅游的实证研究 [J]. 中国生态旅游，2021，11（5）：705-719.

[253] 翟学伟. 中国人的人情与面子：框架、概念与关联 [J]. 浙江学刊，2021（5）：53-64.

[254] 朱洪军，梁婷婷. 中超俱乐部社会责任对赛场观众公民行为的影响研究——兼论市场战略导向的调节效应 [J]. 中国体育科技，2021，57（9）：105-113.

[255] 曾艳芳，甘萌雨，李姝霓，等. 海上丝绸之路旅游体验价值对旅游者传播行为的影响 [J]. 中国生态旅游，2022，12（4）：566-580.

[256] 赵亮，李卓，李洪娜. 中国游客敬畏情绪体验量表开发与检验 [J]. 中国冶金教育，2023（2）：107-112.

[257] 张孙博文，马永强，陈佑成，等. 自然保护区原真性、地方依恋与游客环境责任行为 [J].林业经济问题，2023，43（1）：42-51.

[258] 张蒙，殷培红，杨生光，等. 生态系统稳定性的生态学理论与评估方法 [J]. 环境生态学，2023，5（2）：1-4，31.

[259] 赵亮，张智倩. 纪念性旅游场景中敬畏情绪体验对游客国家认同的影响研究 [J]. 旅游论坛，2023，16（3）：69-85.

[260] Archie B, Carroll. A Three-Dimensional Conceptual Model of Corporate Performance[J]. The Academy of Management Review, 1979, 4（4）：497-505.

[261] Ajzen I. Attitudes, Traits, and Actions：Dispositional Prediction of Behavior in Personality and Social Psychology[J]. Advances in Experimental Social Psychology, 1987, 20：1-63.

[262] Ajzen I. The Theory of Planned Behavior[J]. Organization Behavior and Decision Process, 1991, 50 (2): 179-211.

[263] Ahearne M, B C B, Thomas G. Antecedents and Consequences of Customer-Company Identification:Expanding the Role of Relationship Marketing[J]. Journal of Applied Psychology, 2005, 90 (3): 574-585.

[264] Ardoin N M, Wheaton M, Bowers A W, et al. Nature-Based Tourism's Impact on Environmental Knowledge, Attitudes, and Behavior: A Review and Analysis of the Literature and Potential Future Research[J]. Journal of Sustainable Tourism, 2015, 23 (6): 838-858.

[265] Ang B, Serena C.Awe, the Diminished Self, and Collective Engagement: Universals and Cultural Variations in the Small Self[J]. Journal of Personality and Social Psychology, 2017, 113 (2): 185-209.

[266] Ali E A, Hayat A S, Halit K, et al. The Relationships Among Nostalgic Emotio, Destination Images and Tourist Behaviors: An Empirical Study of Istanbul[J]. Journal of Destination Marketing & Management, 2019, 16: 1-13.

[267] Alejandro H A, Jesús L S R, Rubén H M H. Corporate Social Responsibility, Reputation and Visitors' Commitment as Resources for Public Policies' Design for Protected Areas for Tourism Sustainable Exploitation[J]. Social Responsibility Journal, 2019, 16 (4): 537-553.

[268] Abdullah W N I S, Samdin Z, Teng K P, et al. The Impact of Knowledge Attitude Consumption Values and Destination Image on Tourists' Responsible Environmental Behaviour Intention[J]. Management Science Letters, 2019, 9 (9): 1461-1476.

[269] Akram R, Mahmood S, Khan I K, etal. Corporate Social Responsibility and Job Satisfaction: the Mediating Mechanism of

Supervisor Fairness and Moderating Role of Gratitude[J]. International Journal of Business Environment, 2023, 14 (1): 1-14.

[270] Borden R J, Schettino A P. Determinants of Environmentaly Responsible Behavior[J]. The Journal of Environmental Education, 1979, 10 (4): 35-39.

[271] Baker S M, Kennedy P F. Death by nostalgia: A Diagnosis of Context- Specific cases[J]. Advances in Consumer Research, 1994, 21 (1): 169-174.

[272] Bricker K S, Kerstetter D L. Level of Specialization and Place Attachment: An Exploratory Study of Whitewater Recreationists[J]. Leisure Sciences, 2000, 22 (4): 233-257.

[273] Brown K W, Kasser T. Are Psychological and Ecological Well-Being Compatible? The Role of Values, Mindfulness, and Lifestyle[J]. Social Indicators Research, 2005, 74 (2): 349-368.

[274] Bamberg S, Moser G. Twenty Years after Hines, Hungerford, and Tomera: A New Meta-Analysis of Psycho-Social Determinants of Pro-environmental Behavior[J]. Journal of Environmental Psychology, 2007, 27 (1): 14-25.

[275] B S A, Jonathan H. Witnessing Excellence in Action: the 'Other-Praising' Emotions of Elevation, Gratitude, and Admiration[J]. The Journal of Positive Psychology, 2009, 4 (2): 105-127.

[276] Bonner E T, Friedman H L. A Conceptual Clarification of the Experience of Awe: An Interpretative Phenomenological Analysis[J]. The Humanistic Psychologist, 2011, 39 (3): 222-235.

[277] Bai Y, Maruskin L, Chen S, et al.Awe, the Diminished Self, and Collective Engagement: Universals and Cultural Variations in the Small Self[J].Journal of Personality and Social Psychology, 2017, 113 (2): 185-209.

[278] Bayat F, Hesari E, Sheida G, et al. Analyzing the Causal Model

between Place Attachment and Social Participation in Residences through the Mediation of Social Cohesion[J]. International Journal of Community Well-Being, 2022, 5（4）: 711-732.

[279] Cottrel S P, Graefe A R. Testing a Conceptual Framework of Responsible Environmental Behavior[J]. Journal of Environmental Education, 1997, 29（1）: 17-27.

[280] Christopher M R, Brown G, Weber D. The Measurement of Place Attachment: Personal, Community, and Environmental Connections[J]. Journal of Environmental Psychology, 2010, 30（4）: 422-434.

[281] Cordano M, Welcomer S, Scherer R, et al. Understanding Cultural Differences in the Antecedents of Pro-Environmental Behavior: A Comparative Analysis of Business Students in the United States and Chile[J]. Journal of Environmental Education, 2010, 41（4）: 224-238.

[282] Cheng T, Woon K D, Lynes K J. The Use of Message Framing in the Promotion of Environmentally Sustainable Behaviors[J]. Social Marketin Quarterly, 2011, 17（2）: 48-62.

[283] Coghlan A, Buckley R, Weaver D. A Framework for Analyzing Awe in Tourism Experiences[J]. Annals of Tourism Research, 2012, 39（3）: 1710-1714.

[284] Cappellen V, Saroglou V. Awe Activates Religious and Spiritual Feelings and Behavioral Intentions[J]. Psychology of Religion and Spirituality, 2012, 4（3）: 223-236.

[285] Campos B, Shiota M N, Keltner D.What is Shared, What is Different? Core Relational Themes and Expressive Displays of Eight Positive Emotions[J].Cognition&Emotion, 2013, 27（1）: 37-52.

[286] Chen T M, WU H C, Huang L M. The Influence of Place Attachment on the Relationship Between Destination Attractiveness and Environmentally Responsible Behavior for Island Tourism in Penghu, Taiwan[J].Journal of

Sustainable Tourism, 2013, 21 (8): 1166-1187.

［287］Chen M F, Tung P J.Developing an Extended Theory of Planned Behavior Model to Predict Consumers' Intention to Visit Green Hotels[J].International Journal of Hospitality Management, 2014, 36 (1): 221-230.

［288］Cho H, Ramshaw G, Norman W C. A Conceptual Model for Nostalgia in the Context of Sport Tourism: Re-Classifying the Sporting Past[J]. Journal of Sport & Tourism, 2014, 19 (2): 145-167.

［289］Chen H B, Yeh S S, Huan T C. Nostalgic Emotion, Experiential Value, Brand Image, and Consumption Intentions of Customers of Nostalgic-Themed Restaurants[J]. Journal of Business Research, 2014, 67 (3): 354-360.

［290］Chen H B, Yeh S S, Huan T C. Nostalgic Emotion, Experiential Value, Brand Image, and Consumption Intentions of Customers of Nostalgic-Themed Restaurants[J]. Journal of Business Research, 2014, 67 (3): 354-360.

［291］Chiu Y T H, Lee W I, Chen T H. Environmentally Responsible Behavior in Ecotourism:Antecedents and Implications[J]. Tourism Management, 2014 (40): 321-329.

［292］Carmi N, Arnon S, Orion N. Transforming Environmental Knowledge Into Behavior: The Mediating Role of Environmental Emotions[J]. The Journal of Environmental Education, 2015, 46 (3): 183-201.

［293］Cheng T M, Wu H C. How do Environmental Knowledge, Environmental Sensitivity, and Place Attachment Affect Environmentally Responsible Behavior? An Integrated Approach for Sustainable Island Tourism[J]. Journal of Sustainable Tourism, 2015, 23 (4): 557-576.

［294］ClaireL P, Vassilis S.Awe's Effects on Generosity and Helping[J].The Journal of Positive Psychology, 2016, 11 (5): 552-530.

［295］Chow S A, Ma T A, Wong K G, et al. The Impacts of Place

Attachment on Environmentally Responsible Behavioral Intention and Satisfaction of Chinese Nature-Based Tourists [J]. Sustainability, 2019, 11（20）: 5585.

[296] Changqin Y, Huimin M, Yeming G, et al. Environmental CSR and Environmental Citizenship Behavior: The Role of Employees' Environmental Passion and Empathy [J]. Journal of Cleaner Production, 2021（3）: 320.

[297] Confente I, Scarpi D. Achieving Environmentally Responsible Behavior for Tourists and Residents: A Norm Activation Theory Perspective[J]. Journal of Travel Research, 2021, 60（6）: 1196-1212.

[298] Davis F. Yearning for Yesterday: A Sociology of Nostalgia[M]. New York: Free Press, 1979.

[299] Daniel R W, Michael E Pa, Joseph W R, et al. Beyond the Commodity Metaphor: Examining Emotional and Symbolic Attachment to Place[J]. Leisure Sciences, 1992, 14（1）: 29-46.

[300] Dolnicar S, Crouch I G, Long P. Environment-friendly Tourists: What Do We Really Know About Them?[J]. Journal of Sustainable Tourism, 2008, 16（2）: 197-210.

[301] Dori D, Saeid N（Sam）S K. Do Cultural and Individual Values Influence Sustainable Tourism and Pro-Environmental Behavior? Focusing on Chinese Millennials[J]. Journal of Travel & Tourism Marketing, 2024, 41（4）: 559-577.

[302] Emm, Are, Jo-Ann T. The Grateful Disposition: A Conceptual and Empirical Topography[J]. Journal of Personality and Social Psychology, 2002, 82（1）: 112-127.

[303] Erose S, Peter B, N D C. Memorable Nature-Based Tourism Experience, Place Attachment and Tourists' Environmentally Responsible Behaviour[J]. Journal of Ecotourism, 2023, 22（4）:

542-565.

［304］Freeman R E. Strategic Management: A Stakeholder Approach［M］. Boston: Pitman Press, 1984.

［305］Fredrickson L B. What Good Are Positive Emotions?［J］. Review of General Psychology, 1998, 2（3）: 300-319.

［306］Fredrickson B L. The Role of Positive Emotions in Positive Psychology: the Broaden-and-Build Theory of Positive Emotions［J］. American Psychologist, 2001（56）: 218-226.

［307］Fredrickson B L. Gratitude, Like other Positive Emotions, Broadens and Builds. In R. A. Emmons & M. E. McCullough（Eds.）, The Psychology of Gratitude［M］. New York: Oxford University Press, 2004.

［308］Fredrickson L B, Christine B. Positive Emotions Broaden the Scope of Attention and Thought-Action Repertoires［J］. Cognition & Emotion, 2005, 19（3）: 313-332.

［309］Fredrickson L B, Losada F M. Positive Affect and the Complex Dynamics of Human Flourishing［J］. The American Psychologist, 2005, 60（7）: 678-686.

［310］Fredrickson L B, Cohn A M, Coffey, A K, et al. Open Hearts Build Lives: Positive Emotions, Induced through Loving-Kindness Meditation, Build Consequential Personal Resources［J］. Journal of Personality and Social Psychology, 2008, 95（5）: 1045-1062.

［311］Fredickson B L. Positive Emotions Broaden and Build［C］//Devine P, Plant A. Advances in Experimental Social Psychology. California: Academic Press, 2013: 1-54.

［312］Fenitra R M, Premananto G C, Sedera R M, et al. Environmentally Responsible Behavior and Knowledge-Belief-Norm in the Tourism Context: The Moderating Role of Types of Destinations［J］. International Journal of Geoheritage and Parks, 2022, 10（2）: 273-

288.

[313] Glass G V. Primary, Secondary, and Meta-Analysis of Research[J]. Educational Researcher, 1976, 5（10）: 3-8.

[314] Groot J D, Steg L. Value Orientations to Explain Beliefs Related to Environmental Significant Behavior How to Measure Egoistic, Altruistic, and Biospheric Value Orientations[J]. Environment & Behavior, 2008, 40（3）: 330-354.

[315] Gifford R, Nilsson A. Personal and Social Factors that Influence Pro-Environmental Concern and Behavior: A Review[J]. International Journal of Psychology, 2014, 49（3）: 141-157.

[316] Gupta A, Arora N, Sharma R, et al. Determinants of Tourists' Site-Specific Environmentally Responsible Behavior: An Eco-Sensitive Zone Perspective[J]. Journal of Travel Research, 2022, 61（6）: 1267-1286.

[317] Hines J M, Hungerford H R, Tomera A N. Analysis and Synthesis of Research on Responsible Environmental Behavior: A meta-Analysis[J]. Journal of Environmental Education, 1987, 18（2）: 1-8.

[318] Holbrook M B. Nostalgia and Consumption Preferences:Some Emerging Patterns of Consumer Tastes[J]. Journal of Consumer Research, 1993, 20（2）: 245-256.

[319] Haynes, Stephen, Richard N, et al. Content Validity in Psychological Assessment: A Functional Approach to Concepts and Methods[J]. Psychological Assessment, 1995, 7（3）: 238-247.

[320] Hidalgo M C, Hernandez B. Place Attachment: Conceptual and Empirical Questions[J]. Journal of Environmental Psychology, 2001, 21（3）: 273-281.

[321] Halstead J M, Halstead A O. Awe, Tragedy and the Human Condition [J]. International Journal of Children's Spirituality, 2004, 9（2）: 163-175.

［322］Hunter J E, Schmidt F L. Methods of Meta-Analysis: Correcting Error and Bias in Research Findings[J]. Evaluation & Program Planning, 2006, 29（3）: 236-237.

［323］Han H, Hsu LT, Sheu C. Application of the Theory of Planned Behavior to Green Hotel Choice: Testing the Effect of Environmental Friendly Activities[J]. Tourism Management, 2010, 31（3）: 325-325.

［324］Halpenny E. Pro-Environmental Behaviors and Park Visitors: the Effect of Place Attachment[J]. Journal of Environmental Psychology, 2010, 30（4）: 409-421.

［325］Hayes G, Horne J. Sustainable Development, Shock and Awe? London 2012 and Civil Society[J]. Sociology, 2011, 45（5）: 749-764.

［326］Harth N S, Leach C W, Kessler T. Guilt, Anger, and Pride about In-Group Environmental Behavior: Different Emotions Predict Distinct Intentions[J]. Journal of Environmental Psychology, 2013, 34: 18-26.

［327］Hughes K. Measuring the Impact of Viewing Wildlife: Do Positive Intentions Equate to Long-Term Changes in Conservation Behavior?[J]. Journal of Sustainable Tourism, 2013, 21（1）: 42-59.

［328］Hwang J, Hyun S S. The Impact of Nostalgia Triggers on Emotional Responses and Revisit Intentions in Luxury Restaurants: The Moderating Role of Hiatus[J]. International Journal of Hospitality Management, 2013（33）: 250-262.

［329］Hill J, Curtin S, Gough G. Understanding Tourist Encounters with Nature: A Thematic Framework[J]. Tourism Geographies, 2014, 16（1）: 68-87.

［330］Han H, Hwang J, Kim J, et al. Guests, Pro-Environmental Decision-Making Process: Broadening the Norm Activation Framework in A Lodging Context[J]. International Journal of Hospitality Management, 2015（47）: 96-107.

[331] Han H,Yoon H J. Hotel Customers.Environmentally Responsible Behavioral Intention: Impact Of Key Constructs on Decision in Green Consumerism[J]. International Journal of Hospitality Management, 2015 (45): 22-33.

[332] Han H. Travelers' Pro-Environmental Behavior in A Green Lodging Context: Converging Value-Belief-Norm Theory and the Theory of Planned Behavior[J]. Tourism Management, 2015, 47 (4): 164-177.

[333] Hultman M, Skarmeas D, Oghazi P, et al. Achieving Tourist Loyalty through Destination Personality, Satisfaction, and Identification[J]. Journal of Business Research, 2015, 68 (11): 2227-2231.

[334] Han H, Jae M, Hwang J. Cruise Travelers' Environmentally Responsible Decision-Making:An Integrative Framework of Goal-Directed Behavior and Norm Activation Process[J]. International Journal of Hospitality Management, 2016 (53): 94-105.

[335] Han H, Hyun S S. Fostering Customers, Pro-Environmental Behavior at a Museum[J]. Journal of Sustainable Tourism, 2016, 25 (9): 1240-1256.

[336] Han H, Hwang J, Lee M J. The Value-Belief-Emotion-Norm Model: Investigating Customers' Eco-Friendly Behavior[J]. Journal of Travel & Tourism Marketing, 2017, 34 (5): 590-607.

[337] Joan C, Henderson. Corporate Social Responsibility and Tourism: Hotel Companies in Phuket, Thailand, after the Indian Ocean Tsunami[J]. International Journal of Hospitality Management, 2006, 26 (1): 228-239.

[338] Jepson D, Sharpley R. More than Sense of Place? Exploring the Emotional Dimension of Rural Tourism Experiences[J]. Journal of Sustainable Tourism, 2015, 23 (8-9): 1157-1178.

[339] Joireman J A, Lasane T P, et al. Integrating Social Value Orientation and the Consideration of Future Consequences within the Extended Norm

Activation Model of Proenvironmental Behaviour[J]. British journal of social psychology, 2001, 40（1）: 133-155.

[340] JoAnn T, A S S, A R E, et al. Feeling the Intangible: Antecedents of Gratitude toward Intangible Benefactors[J]. The Journal of Positive Psychology, 2022, 17（6）: 802-818.

[341] Kaiser F G. A General Measure of Ecological Behavior[J]. Journal of Applied Social Psychology, 1998, 28（5）: 395-422.

[342] Kamakura, Wagner A, Vikas Mittal. Fernando de Rosa, and Jose Afonso Mazzon, "Assessing the Service Profit Chain" [J]. Marketing Science, 2002, 21（3）: 294-317.

[343] Kollmuss A, Agyeman J. Mind the gap: Why Do People Act Environmentally and What Are the Barriers to Pro-Environmental Behavior?[J]. Environmental Education Research, 2002, 8（3）: 239-260.

[344] Keltner D, Haidt J. Approaching Awe, A Moral, Spiritual, and Aesthetic Emotion[J]. Cognition and Emotion, 2003, 17（2）: 297-314.

[345] Kyle G, Graefe A, Robert M, et al. Effect of Activity Involvement and Place Attachment on Recreationists' Perceptions of Setting Density[J]. Journal of Leisure Research, 2004, 36（2）: 209-231.

[346] Kyle G, Chick G. Enduring leisure involvement: The Importance of Personal Relationships[J]. Leisure Studies, 2004, 23（3）: 243-266.

[347] Kornilaki E N, Chlouverakis G. The Situational Antecedents of Pride and Happiness: Developmental and Domain Differences[J]. British Journal of Developmental Psychology, 2004, 22（4）: 605-619.

[348] Kilbourne W, Pickett G. How Materialism Affects Environmental Beliefs, Concern, and Environmentally Responsible Behavior[J]. Journal of Business Research, 2008, 61（9）: 885-893.

[349] Kafyri A, Hovardas T, Poirazidis K.Determinants of Visitor Pro-

Environmental Intentions on Two Small Greek Islands: is Ecotourism Possible at Coastal Protected Areas?[J].Environmental Management, 2012, 50 (1): 64-76.

［350］Kim K A, Weiler B. Visitors' Attitudes Towards Responsible Fossil Collecting Behaviour: An Environmental Attitude-Based Segmentation Approach[J]. Tourism Management, 2013 (36): 602-612.

［351］Kanchanapibul M, Lacka E, Wang X J, et al. An Empirical Investigation of Green Purchase Behavior Among the Young Generation[J]. Journal of Cleaner Production, 2014 (66): 528-536.

［352］Kil N, Holland M S, Stein V T. Structural Relationships between Environmental Attitudes, Recreation Motivations, and Environmentally Responsible Behaviors[J]. Journal of Outdoor Recreation and Tourism, 2014 (7-8): 16-25.

［353］Kiatkawsin K, Han H. Young Travelers' Intention to Behave Pro-Environmentally: Merging the Value-Belief-Norm Theory and the Expectancy Theory [J]. Tourism Management, 2017 (59): 76-88.

［354］Kiviniemi M T, Ellis E M, Hall M G, et al. Mediation, moderation, and Context: Understanding Complex Relations among Cognition, Affect, and Health Behavior[J]. Psychology & Health, 2018, 33 (1): 98-116.

［355］Kaidn N, Kaida K. Positive Associations of Optimism-Pessimism Orientation with Pro-Environmental Behavior and Subjective Well-Being: A Longitudinal Study on Quality of Life and Everyday Behavior[J]. Quality of Life Research, 2019, 28 (12): 3323-3332.

［356］Korpela K, Korhonen M, Nummi T, et al. Environmental Self-Regulation in Favourite Places of Finnish and Hungarian Adults[J]. Journal of Environmental Psychology, 2020 (67): 101384.

［357］Lewis M. Self-Conscious Emotions[J]. American Scientist, 1995, 83 (1): 68.

［358］Leila S, Robert G. The Relations Between Natural and Civic Place Attachment and Pro-Environmental Behavior［J］. Journal of Environmental Psychology, 2010, 30（3）: 289-297.

［359］Lee T H. How Recreation Involvement, Place Attachment and Conservation Commitment Affect Environmentally Responsible Behavior［J］. Journal of Sustainable Tourism, 2011, 19（7）: 895-915.

［360］Lee T H, Jan F H, Yang C C. Conceptualizing and Measuring Environmentally Responsible Behaviors From the Perspective of Community-Based Tourists［J］. Tourism Management, 2013, 36（6）: 454-468.

［361］Lee, Choong-Ki, Kim, et al. Impact of Agaming Company's CSR on Residents' Perceived benefits, Quality of Life, and Support［J］. Tourism Management, 2018（64）: 281-290.

［362］Landon A C, Woosnam K M, Boley B B. Modeling the Psychological Antecedents to Tourists' Pro-Sustainable Behaviors: An Application of the Value-Belief-Norm Model［J］. Journal of Sustainable Tourism, 2018, 26（6）: 957-972.

［363］Lee H M, Song H J, Lee C K, et al. Formation of Festival Visitors' Environmentally Friendly Attitudes: Cognitive, Affective, and Conative Components［J］. Current Issues In Tourism, 2019, 22（2）: 142-146.

［364］Lee T H, Jan F H. Market Segmentation Based on the Environmentally Responsible Behaviors of Communitybased Tourists: Evidence From Taiwan's Community-Based Destinations［J］. International Journal of Tourism Research, 2019, 21（2）: 400-411.

［365］Loureiro S. Exploring the Role of Atmospheric Cues and Authentic Pride on Perceived Authenticity Assessment of Museum Visitors［J］. International Journal of Tourism Research, 2019, 21（4）: 413-426.

［366］Liu J, An K K, Jang S S. A Model of Tourists' Civilized Behaviors:

Toward Sustainable Coastal Tourism in China[J]. Journal of Destination Marketing & Management, 2020（16）: 100437.

[367] Luke J J. "The Bloody Hell and Holy Cow Moment": Feeling Awe in the Art Museum[J]. Curator: The Museum Journal, 2021, 64（1）: 41-55.

[368] Moore R L, Graefe A R. Attachments to Recreation Settings: The Case of Rail-Trail Users[J]. Leisure Sciences, 1994, 16（1）: 17-31.

[369] McCullough M E, Tsang J A, Emmons R A. Gratitude in Intermediate Affective Terrain: Links of Grateful Moods to Individual Differences and Daily Emotional Experience[J]. Journal of Personality and Social Psychology, 2004, 86（2）: 295-309.

[370] Meneses G D. Refuting Fear in Heuristics and in Recycling Promotion[J]. Journal of Business Research, 2010, 63（2）: 104-110.

[371] Mobley C. Exploring Additional Determinants of Environmentally Responsible Behavior: The Influence of Environmental Literature and Environmental Attitudes[J]. Environment and Behavior, 2010, 42（4）: 420-447.

[372] Meijers H M, Stapel A D. Me tomorrow, the Others Later: How Perspective Fit Increases Sustainable Behavior[J]. Journal of Environmental Psychology, 2011, 31（1）: 14-20.

[373] Moeller T, Dolnicar S, Leisch F. The Sustainability-Profitability Trade-off in Tourism:Can It Be Overcome?[J]. Journal of Sustainable Tourism, 2011, 19（2）: 155-169.

[374] Miller D, Merrilees B, Coghlan A. Sustainable Urban Tourism: Understanding and Developing Visitor Pro-Environmental Behaviours[J]. Journal of Sustainable Tourism, 2015, 23（1）: 26-46.

[375] Mohamed M E, Kim D C, Lehto X, et al. Destination restaurants, Place Attachmen, and Future Destination Patronization[J]. Journal of Vacation Marketing, 2022, 28（1）: 20-37.

［376］Oliver R L. Cognitive, Affective, and Attribute Bases of the Satisfaction Response[J]. Journal of Consumer Research, 1993, 20 (3): 418-430.

［377］Owens. Engaging the public': Information and Deliberation in Environmental Policy[J]. Environment Planning, 2000, 32 (7): 1141-1148.

［378］O'Brien, Catherine. Sustainable Happiness: How Happiness Studies Can Contribute to A More Sustainable Future[J]. Canadian Psychology/Psychologie Canadienne, 2008, 49 (4): 289-295.

［379］Onwezen MC, Antonides G, Bartels J. The Norm Activation Model: An Exploration of the Functions of Anticipated Pride and Guilt in Pro-Environmental Behaviour[J]. Journal of Economic Psychology, 2013, 39 (1): 141-53.

［380］Ogiemwonyi O, Harun A, Hossain M I, et al. The influence of Green Behaviour Using Theory of Planned Behaviour Approach: Evidence from Malaysia[J]. Millennial Asia, 2023, 14 (4): 582-604.

［381］Proshansky H M, Fabian A K, Kaminoff R. Place-Identity: Physical World Socialization of the Self[J]. Journal of Environmental Psychology, 1983, 3 (1): 57-83.

［382］Powell R B, Brownlee M T, Kellert S R, et al. From Awe to Satisfaction: Immediate Affective Responses to the Antarctic Tourism Experience[J]. Polar Record, 2012, 48 (2): 145-156.

［383］Prayag G, Ryan C. Antecedents of Tourists' Loyalty to Mauritius: the Role and Influence of Destination Image, Place Attachment, Personal Involvement and Satisfaction[J]. Journal of Travel Research, 2012, 51 (3): 342-356.

［384］Perkins H E, Brown P R. Environmental Values and the So-Called True Eco-Tourist[J]. Travel Research, 2012, 51 (6): 793-803.

［385］Piff P K, Dietze P, Feinberg M, et al. Awe, the Small Self and Pro-

Social Behavior[J]. Journal of Personality and Social Psychology, 2015, 108（6）：883-899.

［386］Pearce J, Strickland M J, Moore S A. What Fosters Awe Inspiring Experiences in Nature-Based Tourism Destinations?[J]. Journal of Sustainable Tourism, 2017, 25（3）：1-17.

［387］Paswan A, Guzmán F, Lewin J. Attitudinal Determinants of Environmentally Sustainable Behavior[J]. Journal of Consumer Marketing, 2017, 34（5）：414-426.

［388］Perlin D J, Li L. Why Does Awe have Prosocial Effects?New Perspectives on Awe and the Small self[J]. Perspectives on Psychological Science, 2020, 15（2）：291-308.

［389］Rokeach M. Attitudes,Beliefs and Values[J]. Medical & Pediatric Oncology, 1969, 6（4）：325-337.

［390］Ramkissoon H, Weiler B, Smith G D L. Place Attachment and Pro-Environmental Behaviour in National Parks：the Development of A Conceptual Framework[J]. Journal of Sustainable Tourism, 2012, 20（2）：257-276.

［391］Rudd M, Vohs K D, Aaker J. Awe Expands People's Perception of Time, Alters Decision Making, and Enhances Well-Being[J]. Psychological Science, 2012, 23（10）：1130-1136.

［392］Ramkissoon H, Smith L D G, Weiler B. Testing the Dimensionality of Place Attachment and its Relationships with Place Satisfaction and Pro-Environmental Behaviors：a Structural Equation Modeling Approach[J]. Tourism Management, 2013, 36（3）：552-566.

［393］Rees J H, Kug S, Bamberg S. Guilty Conscience：Motivating Pro-Environmental Behavior by Inducing Negative Moral Emotions[J]. Climatic Change, 2015, 130（3）：439-452.

［394］RahmaniI K, Gnoth J, Mather D. Hedonic and Eudaimonic Well-Being：A Psycholinguistic View[J]. Tourism Management, 2018, 69

（DEC）：155-166.

[395] Rezaei R, SafaAFA L, Damalas C A, et al. Drivers of Farmers' Intention to Use Integrated Pest Management: Integrating Theory of Planned Behavior and Norm Activation Model[J]. Journal of Environmental Management, 2019（236）：328-339.

[396] Ruohan T, SungEun K, Seok W L, et al. Influence of Residents' Perceptions of Tourism Development on Their Affective Commitment, Altruistic Behavior, and Civic Virtue for Community[J]. International Journal of Tourism Research, 2021, 23（5）：781-791.

[397] Ru F C, Kai B, Qiang L.To Help or not to Help: the Effects of Awe on Residents and Tourists' Helping Behaviour in Tourism[J].Journal of Travel&Tourism Marketing, 2021, 38（7）：682-695.

[398] Schwartz S H. Normative Influences on Altruism[M]. New York: Academic Press, 1977.

[399] Schwartz S H. Normative Influence on Altruism[J]. Advances in Experimental Social Psychology, 1977（10）：222-275.

[400] Salancik G R, Pfeffer J. A Social Information Processing Approach to Job Attitudes and Task Design [J]. Administrative Science Quarterly, 1978, 23（2）：224-253.

[401] Sia A P, Hungerford H R, Tomera A N. Selected Predictors of Responsible Environmental Behavior: An Analysis[J]. The Journal of Environmental Education, 1986, 17（2）：31-40.

[402] Sivek D J, Hungerford H. Predictors of Responsible Behavior in Members of Three Wisconsin Conservation Organizations[J]. The Journal of Environmental Education, 1990, 21（2）：35-40.

[403] Schwartz S H. Universals in the Content and Structure of Values: Theoretical Advances and Empirical Tests in 20 Countries [J]. Advances in Experimental Social Psycholog, 1992, 25（2）：1-65.

[404] Stern B B. Historical and Personal Nostalgia in Advertising Text: The Fin

De siecle Effect[J]. Journal of Advertising, 1992, 21（4）: 11-22.

[405] Smith-Sebasto N J, D'Costa A. Designing a Likert-Type Scale to Predict Environmentally Responsible Behavior in Undergraduate Students: A Multistep Process[J]. The Journal of Environmental Education, 1995, 27（1）: 14-20.

[406] Stern P C, Dietz T, Abel, et al. A Value-Belief-Norm Theory of Support for Social Movement: The Case of Environmentalism [J]. Human Ecology Review, 1999, 6（2）: 81-97.

[407] Stern. Toward a Coherent Theory of Environmentally Significant Behavior[J]. Journal of Social Issues, 2000, 56（3）: 407-424.

[408] Stedman R C. Toward a Social Psychology of Place Predicting Behavior from Place-Based Cognitions, Attitude, and Identity[J]. Environment and Behavior, 2002, 34（5）: 561-581.

[409] Shiota M N, Campos B, Keltner D. The Faces of Positive Emotion[J]. Annals of the New York Academy of Sciences, 2003, 1000（1）: 296-299.

[410] Strumpfer W J D. Positive Emotions Positive Emotionally and Their Contribution to Fortigenic Living: A Review[J]. Psychological Society of South Africa, 2006, 36（1）: 144-167.

[411] Saith T W, Kim S. National Pride in Comparative Perspective: 1995/96 and 2003/04[J]. International Journal of Public Opinion Research, 2006, 18（1）: 127-136.

[412] Shiota M N, Keltner D, John O P. Positive Emotion Dispositions Differentially Associated with Big Five Personality and Attachment Style[J]. The Journal of Positive Psychology, 2006, 1（2）: 61-71.

[413] Sara D, Friedrich L. Selective Marketing for Environmentally Sustainable Tourism[J]. Tourism Management, 2007, 29（4）: 672-680.

[414] Shiota M N, Dacher K, Amanda M. The Nature of Awe: Elicitors,

Appraisals, and Effects on Self-Concept[J]. Cognition & Emotion, 2007, 21（5）: 944-963.

［415］Steg L, Vlek C. Encouraging Pro-Environmental Behaviour: An Integrative Review and Research Agenda[J].Journal of Environmental Psychology, 2008, 29（3）: 309-317.

［416］Steg L, Vlek C. Encouraging Pro-Environmental Behaviour: An Integrative Review and Research Agenda[J]. Journal of Environmental Psychology, 2009, 29（3）: 309-317.

［417］Sebasto S J N, D' Costa A. Designing a Likert-Type Scale to Predict Environmentally Responsible Behavior in Undergraduate Students: A Multistep Process[J]. The Journal of Environmental Education, 2010, 27（1）: 14-20.

［418］Scannell L, Gifford R. The Relations between Natural and Civic Place Attachment and Pro-Environmental Behavior[J]. Journal of Environmental Psychology, 2010, 30（3）: 289-297.

［419］Smith J W, Christos S, Moore R L. The Effects of Place Attachment, Hypothetical Site Modifications and Use Levels on Recreation Behavior[J]. Journal of Leisure Research, 2010, 42（4）: 621-640.

［420］Spears R, Leach C, Zomeren M V, et al. Intergroup Emotions: More than the Sum of the Parts[C]. Emotion Regulation and Well-Being. New York: Springer, 2011: 121-145.

［421］Steg L, Bolderdijk J W, Keizer K, et al. An Integrated Framework for Encouraging Proenvironmental Behaviour: The Role of Values, Situational Factors and Goals[J]. Journal of Environmental Psychology, 2014, 38: 104-115.

［422］Sameer H, Girish P, Robert V D, et al. Mediating Effects of Place Attachment and Satisfaction on the Relationship between Tourists' Emotions and Intention to Recommend[J]. Journal of Travel Research, 2017, 56（8）: 1079-1093.

[423] Su L，Swanson S R. The Effect of Destination Social Responsibility on Tourist Environmentally Responsible Behavior：Compared Analysis of First-Time and Repeat Tourists[J]. Tourism Management，2017（60）：308-321.

[424] Shaoping Q，M L D，Lei X. How Servant Leadership and Self-Efficacy Interact to Affect Service Quality in the Hospitality Industry：A Polynomial Regression with Response Surface Analysis[J]. Tourism Management，2020，78（J）：104051.

[425] Silva L D，Bering J M. Varieties of Awe in Science Communication：Reflexive Thematic Analysis of Practitioners' Experiences and Uses of This Emotion[J]. Science Communication，2022，44（3）：347-374.

[426] Tajfel H，Billig M G，Bundy R P，et al. Social Categorization and Intergroup Behaviour[J]. European Journal of Social Psychology，1971，1（2）：149-178.

[427] Tajfel H. Social psychology of Intergroup Relations[J].Annual Review of Psychology，1982，33（1）：1-39.

[428] Tangeny J P. Assessing Individual Differences in Proneness to Shame and Guilt：Development of the Self-Conscious Affect and Attribution Inventory[J]. Journal of Personality and Social Psychology，1990，59（1）：102-111.

[429] Tracy J L，Robins R W. Putting the Self into Self-Conscious Emotions：A Theoretical Model[J]. Psychological Inquiry，2004，15（2）：103-125.

[430] Tracy J L，Robins R W. The Psychological Structure of Pride：A Tale of Two Facets[J]. Journal of Personality and Social Psychology，2007，92（3）：506-525.

[431] Tracy J，Robins R. Emerging Insights into the Nature and Function of Pride[J]. Current Directions in Psychological Science，2007，16（3）：147-150.

［432］Thomas E F, Mcgarty C, Mavor K I. Transforming "Apathy into Movement": The Role of Prosocial Emotions in Motivating Action for Social Change[J]. Personality and Social Psychology Review, 2009, 13（4）: 310-333.

［433］Tsunghung L, Fenhaun J, Huang G W. The Influence of Recreation Experiences on Environmentally Responsible Behavior: The Case of Liuqiu Island Taiwan[J]. Journal of Sustainable Tourism, 2015, 23（6）: 947-967.

［434］Thomas E F, McGarty C, Mavor K. Group Interaction as the Crucible of Social Identity Formation: A Glimpse at the Foundations of Social Identities for Collective Action[J]. Group Processes and Intergroup Relations, 2016, 19（2）: 137-151.

［435］Tran T A H, Hwang S Y, Yu C, et al. The Effect of Destination Social Responsibility on Tourists' Satisfaction: The Mediating Role of Emotions[J]. Sustainability, 2018, 10（9）: 3044.

［436］Tsang, Martin. Four Experiments on the Relational Dynamics and Prosocial Consequences of Gratitude[J]. The Journal of Positive Psychology, 2019, 14（2）: 188-205.

［437］Urban A. How Does Awe Fuel Information Seeking? A Mixed - methods, Virtual Reality Study[J]. Proceedings of the Association for Information Science and Technology, 2022, 59（1）: 818-820.

［438］Van L K D, Dunlap R E. Moral Norms and Environmental Behavior: An Application of Schwartz's Norm-Activation Model to Yard Burning[J]. Journal of Applied Social Psychology, 1978, 8（2）: 174-188.

［439］Vaske J J, Kobrin K C. Place Attachment and Environmentally Responsible Behavior[J]. Journal of Environmental Education, 2001, 32（4）: 16-21.

［440］Vladas G, Shiota M N, Neufeld S L. Influence of Dfferent Positive

Emotions on Persuasion Processing: A Functional Evolutionary Approach[J]. Emotion (Washington, D C), 2010, 10 (2): 190-206.

[441] Vaske J J, Kobrin K C. Place Attachment and Environmentally Responsible Behavior[J]. The Journal of Environmental Education, 2011, 32 (4): 16-21.

[442] Van Riper C J, Kyle G T. Understanding the Internal Processes of Behavioral Engagement in A National Park: A Latent Variable Path Analysis of the Value-Belief-Norm Theory[J]. Journal of Environmental Psychology, 2014, 38 (3): 288-297.

[443] Vaske J J, Jacobs M, Espinosa T K. Carbon Footprint Mitigation on Vacation: A Norm Activation Model[J]. Journal of Outdoor Recreation and Tourism, 2015, 11 (1): 80-86.

[444] Vazquez M A, Packer J, Fairley S, etal. The Role of Place Attachment and Festival Attachment in Influencing Attendees' Environmentally Responsible Behaviours at Music Festivals[J]. Tourism Recreation Research, 2019, 44 (1): 91-102.

[445] V M N, Kumar S S, Shreyasi R, et al. Environmentally Responsible Behaviour among the Teachers: Role of Gratitude and Perceived Social Responsibility[J]. Journal of Asia Business Studies, 2023, 17 (6): 1167-1182.

[446] Williams D R, Patterson M E, Roggenbuck J W, et al. Beyond the Commodity Metaphor: Examining Emotional and Symbolic Attachment to Place[J]. Leisure Sciences, 1992, 14 (1): 29-46.

[447] Weiss H M, Cropanzano R. Affective Events Theory Research in Organizational Behavior[J]. 1996, 18 (1): 1-74.

[448] Williams D R, Vaske J J. The Measurement of Place Attachment: Validity and Generalizability of a Psychometric Approach[J]. Forest Science, 2003, 49 (6): 830-840.

［449］Weaver D, Lawton L. Information Sources for Visitors, First Awareness of A Low Profile Attraction[J]. Journal of Travel & Tourism Marketing, 2011, 28（1）: 1-12.

［450］Weaver D B, Lawton L J. Visitor Loyalty at A Private South Carolina Protected Area[J]. Journal of Travel Research, 2011, 50（3）: 335-346.

［451］Webba T L, Gallob I S, Milesa E, et al. Effective Regulation of Affect: An Action Control Perspective on Emotion Regulation[J]. European Review of Social Psychology, 2012, 23（1）: 143-186.

［452］Wynveen C J, Wynveen B J, Sutton S G. Applying the Value-Belief-Norm Theory to Marine Contexts: Implications for Encouraging Pro-Environmental Behavior[J]. Coastal Management, 2015, 43（1）: 84-103.

［453］Wu Z, Chen Y, Geng L, et al. Greening in Nostalgia?How Nostalgic Traveling Enhances Tourists' Proenvironmental Behaviour[J]. Sustainable Development, 2020, 28（4）: 634-645.

［454］Yuksela, Yukself, Billimy. Destination Attachment: Effects on Customer Satisfaction and Cognitive Affective and Cognative Loyalty [J]. Tourism Management, 2010, 31（2）: 274-284.

［455］Yeh S S, Chen C, Liu Y C. Nostalgic Emotion, Experiential Value, Destination Image, and Place Attachment of Cultural Tourists[J]. Advances in Hospitality & Leisure, 2012（8）: 167-187.

［456］Yuxi Z, Linsheng Z. Impact of Tourist Environmental Awareness on Environmental Friendly Behaviors: A Case Study from Qinghai Lake, China[J]. Journal of Resources and Ecology, 2017, 8（5）: 502-513.

［457］Yaden D B, Kaufman S B, Hyde E, et al. The Development of the Awe Experience Scale（AWE-S）: A Multifactorial Measure for A Complex Emotion[J]. The Journal of Positive Psychology, 2019, 14（4）: 474-488.

［458］Young J S, Christoph K, Brock B.Awe Promotes Moral Expansiveness Via the Small-Self[J].Frontiers in Psychology, 2023（14）：1097627.

［459］Zhang Y, Zhang H, Zhang J, et al. Predicting Residents' Pro-Environmental Behaviors at Tourist Sites：The Role of Awareness of Disaster's Consequences, Values, and Place Attachment[J]. Journal of Environmental Psychology, 2014（40）：131-146.

［460］Zhao X, Wang X, Ji L. Evaluating the Effect of Anticipated Emotion on Forming Environmentally Responsible Behavior in Heritage Tourism：Developing An Extended Model of Norm Activation Theory[J]. Asia Pacific Journal of Tourism Research, 2020, 25（11）：1185-1198.

附录1 敬畏感对山岳型游客环境责任行为影响调查问卷

游客您好！我们正在为我们研究收集数据，请根据您在千山游玩的真实感受填写问卷。本调查数据仅作学术研究使用，匿名回答没有对错之分，每题只能选择一个选项。真诚感谢！

一、您对千山景区的自然环境及文化氛围感受如何（请在相应位置打"√"）

序号	题项	非常不同意	不同意	一般	同意	非常同意
1	该景区山峰形态秀美奇丽，数量众多					
2	千山让我感受到自然地貌形成时间漫长					
3	千山让我感受到自然力量的神奇、强大					
4	千山让我感受到在大自然中我是渺小的					
5	千山让我感受到面对大自然要保持谦卑					
6	千山让我感受到历史文化建筑的高大					
7	该景区历史文化建筑古老					
8	该景区历史音乐庄严肃穆					
9	千山让我感受到在历史文化建筑面前我是渺小的					
10	千山让我感受到面对历史文化建筑要保持谦卑					

二、请评价您在千山的游玩体验（1表示同维度的消极形容词，5表示同维度的积极形容词，请在相应位置打"√"）

序号	消极形容词	1	2	3	4	5	积极形容词
1	无聊的						惊奇的
2	不满意的						超出预期的

续表

序号	消极形容词	1	2	3	4	5	积极形容词
3	寻常的						独特的
4	没有印象的						难忘的
5	藐视的						崇敬的
6	意志消沉的						振奋人心的

三、地方依恋（请根据您的同意程度在相应位置打"√"）

序号	题项	非常不同意	不同意	一般	同意	非常同意
1	相比其他地方，我更喜欢千山的自然环境					
2	相比其他地方，千山更能满足我文化体验的需求					
3	千山给了我其他地方没有的满足感					
4	千山对我来说非常特别					
5	我对千山有很强烈的认同感					
6	我很喜欢在千山游玩，不想离开					

四、环境责任行为（请根据您的同意程度在相应位置打"√"）

序号	题项	非常不同意	不同意	一般	同意	非常同意
1	在景区游览时，我不会乱丢垃圾					
2	我会遵守景区的文物保护规定，不给佛像拍照					
3	看到有人破坏草木，我会主动劝说、制止					
4	我会学习环境保护相关的知识					
5	我会与其他人讨论千山的环境保护问题					
6	我会提醒同行亲友不做破坏环境的举动					

五、其他信息

1. 您的性别：

□男　　□女

2. 您的年龄：

□ 18 岁及以下　　□ 19～30 岁　　□ 31～45 岁　　□ 46～60 岁　　□ 61 岁及

以上

3. 您的学历：

□高中及以下　　□大专及本科　　□研究生

4. 您的月收入：

□ 2000 及以下　　□ 2001 ～ 5000 元　　□ 5001 ～ 8000 元　　□ 8001 元

以上

5. 您的职业：

□企业商务人员　　□公务人员　　□技术人员　　□教师

□自由职业者　　□学生　　□离退休人员　　□待业

6. 您的居住地：

□鞍山市　　□辽宁省非鞍山市　　□中国非辽宁省　　□其他

7. 您来过千山景区几次：

□ 1 次　　□ 2 ～ 4 次　　□ 5 次以上

附录2 敬畏感对生态型游客环境责任行为影响调查问卷

游客您好！我们正在为我们研究收集数据。此问卷采用不记名的形式，每道题项回答没有对错之分，数据仅用于学术研究，不会泄露您的个人隐私。请您根据游玩南山竹海景区的真实体验感受，完成调查问卷。每道题均为单选题，请在相应的位置打"√"即可。真诚感谢您在百忙之中抽出时间帮助调研！祝您万事顺意！

一、请根据您真实的游玩感受选择对南山竹海景区自然环境和文化氛围的看法

题项	非常不同意	不同意	一般	同意	非常同意
身处南山竹海让我感觉到其自然景观气势磅礴、秀美绮丽					
身处南山竹海让我感受到其自然景观形成的时光漫长					
身处南山竹海让我感受到其自然力量的神奇强大					
身处南山竹海让我感受到在大自然中我的力量是微弱的					
身处南山竹海让我感受到历史文化的伟大					
身处南山竹海让我感受到精妙的历史文化艺术					
身处南山竹海让我感受到悠久的历史文化传统					
身处南山竹海让我感受到自己在历史文化建筑面前力量是微弱的					
身处南山竹海让我感受到自己在历史文化建筑面前要保持谦卑					

二、请根据您真实的游玩感受选择在南山竹海景区旅游的体验（1表示同维度的消极形容词，5表示同维度的积极形容词）

题项	1	2	3	4	5
在南山竹海旅游时，我的感受是（1表示平静的，5表示震撼的）					
在南山竹海旅游时，我的感受是（1表示无聊的，5表示惊奇的）					
在南山竹海旅游时，我的感受是（1表示厌倦的，5表示激动的）					
在南山竹海旅游时，我的感受是（1表示无印象的，5表示难忘的）					
在南山竹海旅游时，我的感受是（1表示平常的，5表示独特的）					
在南山竹海旅游时，我的感受是（1表示藐视的，5表示崇敬的）					

三、请根据您真实的游玩感受选择在南山竹海旅游的看法

题项	非常不同意	不同意	一般	同意	非常同意
身处南山竹海使我感觉到存在比我更浩大的事物					
身处南山竹海使我感觉到自己是某个更大实体的一部分					
身处南山竹海使我感觉到自己是某个更大整体的一部分					
身处南山竹海使我感觉到存在比我自身更强大的东西					
身处南山竹海使我感觉自己很渺小					

四、请根据您真实的游玩感受选择在南山竹海旅游的看法

题项	非常不同意	不同意	一般	同意	非常同意
身处南山竹海我知道违反景区环保规章制度的严重性					
身处南山竹海我知道破坏旅游地资源和生态环境的严重性					
身处南山竹海我知道造成环境污染的严重性					
身处南山竹海我知道逃票行为的严重性					
身处南山竹海我知道拥挤和争吵行为的严重性					
身处南山竹海我违反景区环保规章制度的可能性					
身处南山竹海我破坏旅游地资源和生态环境的可能性					
身处南山竹海我造成环境污染的可能性					
身处南山竹海我逃票行为的可能性					
身处南山竹海我拥挤和争吵行为的可能性					

五、请根据您真实的游玩感受谈谈对亲环境行为的看法

题项	非常 不同意	不同意	一般	同意	非常 同意
我看到垃圾会主动捡起					
我看到破坏景区行为会主动上前制止					
有净化景区的相关活动我会参加					
我会尝试如何解决景区的环保问题					
我会阅读有关景区环保问题的书籍、广告等					
我会和他人讨论景区环保问题					
我会说服同伴采取积极行为，保护景区自然环境					
我不会破坏景区的环境					

六、其他信息

1. 您的性别：

□男　　　□女

2. 您的年龄段：

□ 18 岁及以下　　□ 19～25 岁　　□ 26～35 岁　　□ 36～45 岁

□ 46～55 岁　　□ 56～65 岁　　□ 66 岁及以上

3. 您的学历：

□初中及以下　　　□高中/中专　　　□大专　　　□本科　　　□研究生

4. 您的职业：

□学生　　　□政府机关/事业单位　　　□公司/企业职员　　　□私营业主

□离退休人员　　　□其他

5. 您的居住地：

□江苏省溧阳市　　　□江苏省内其他城市　　　□江苏省外其他城市

6. 平均月收入：

□ 2000 元及以下　　□ 2001～4000 元　　□ 4001～6000 元

□ 6001～8000 元　　□ 8001 元及以上

附录3 自豪感、怀旧感对游客文化遗产保护
行为影响调查问卷

游客您好！请您根据龙门石窟景区游玩的体验感受，完成下面的调查问卷。问卷采用不记名方式，没有对错之分，数据仅用作学术研究，每题均为单选，在相应位置打"√"。感谢您的参与，祝您工作、学业顺利！

一、后果意识

序号	题项	非常不同意	不同意	一般	同意	非常同意
1	如果不采取遗产保护行为，龙门石窟的艺术价值会受到削弱					
2	如果不采取遗产保护行为，龙门石窟的文化价值会受到削弱					
3	如果不采取遗产保护行为，龙门石窟的历史价值会受到削弱					

二、责任归属

序号	题项	非常不同意	不同意	一般	同意	非常同意
1	我认为自己应该对不保护遗产行为造成的消极后果负部分责任					
2	我认为游客应该对不保护遗产行为造成的消极后果负一定责任					
3	我认为游客应该共同为不保护遗产行为造成的消极后果负责任					

三、道德规范

序号	题项	非常 不同意	不同意	一般	同意	非常 同意
1	采取遗产保护行为以减少对龙门石窟的损害是很重要的					
2	在龙门石窟，我在道德上有义务采取遗产保护行为					
3	在龙门石窟，我会为未采取遗产保护行为而感到愧疚					

四、遗产保护行为

序号	题项	非常 不同意	不同意	一般	同意	非常 同意
1	我积极参与龙门石窟文化遗产保护活动					
2	我会遵守法律规定不破坏龙门石窟的文化遗产					
3	我遵守龙门石窟的文化遗产管理规定					
4	我会极力劝阻破坏龙门石窟文化遗产的行为					
5	我在游览时爱护龙门石窟的文化建筑					

五、自豪感

序号	题项	非常 不同意	不同意	一般	同意	非常 同意
1	在龙门石窟游览时，景区精美的石刻造像让我感到自豪					
2	在龙门石窟游览时，景区讲述的历史事迹让我感到自豪					
3	在龙门石窟游览时，景区宣传的中华民族开放包容、奋发进取的精神让我感到自豪					

六、怀旧感

序号	题项	非常 不同意	不同意	一般	同意	非常 同意
1	我会联想到以前生活在这里的人					
2	我会联想到这里以前的生活场景					
3	我欣赏这里的历史文化					
4	我欣赏这里的历史建筑					
5	我感觉我重温了这里的历史					
6	我感觉我回到了以前的这里					

七、其他信息

1.您的性别:

□男　　□女

2.您的年龄:

□18岁及以下　　□19～30岁　　□31～45岁　　□46～60岁

□61岁及以上

3.您的学历:

□初中及以下　　□高中/中专　　□大专　　□本科　　□研究生

4.您的月收入:

□3000元及以下　　□3001～6000元　　□6001～9000元　　□9001元及

以上

5.您的职业:

□政府及事业单位人员　□企业员工　□医护人员　□工人　□教师

□学生　　□自由职业者　　□离退休人员　　□其他

6.您的常住地:

□河南省内　　□河南省外

附录4　旅游地社会责任对游客环境责任行为影响调查问卷

游客您好！请您根据千山景区游玩的体验感受，完成下面的调查问卷。问卷采用不记名方式，没有对错之分，数据仅用作学术研究，每题均为单选，在相应位置打"√"。感谢您的参与，祝您工作顺利！生活幸福！万事顺意！

一、以下是您对千山景区社会责任判断，请根据您的真实认识，在符合的选项框里打"√"

序号	题项	非常不同意	不同意	一般	同意	非常同意
1	千山能为当地获取合理的经济收益					
2	千山重视与游客之间的亲密联系，以保证他们的长期持续发展					
3	千山是一个不断提高其旅游产品和服务质量的地方					
4	千山在山岳型景区中具有较强的核心竞争力					
5	千山支持文化事业和教育研学的发展					
6	千山非常注重和维护景区的历史文化与伦理风俗					
7	千山经常举办公益活动					
8	千山的开发提高了当地人的生活质量					
9	千山宣传环保理念、引导环保行为					
10	千山在资源开发中注重环保性					
11	千山在环境可承受范围内提供旅游产品和服务					
12	千山采取措施缓解旅游活动开展对环境造成的污染					
13	千山能妥善处理旅游活动开展中产生的废弃物					
14	千山能保持公共环境的干净整洁					

二、以下是您对千山景区地方认同的价值判断，请根据您的真实认识，在符合的选项框里打"√"

序号	题项	非常 不同意	不同意	一般	同意	非常 同意
1	千山对于我而言很有意义					
2	我对千山景区产生十分强烈的认同感					
3	在千山游览让我感觉到很享受					
4	我愿意长时间停留在千山					
5	在千山游玩时我能更好地认识并实现自我					
6	我对千山存在一种特殊的情感					

三、以下是您对千山景区感恩的价值判断，请根据您的真实认识，在符合的选项框里打"√"

序号	题项	非常 不同意	不同意	一般	同意	非常 同意
1	我对千山是赞赏的					
2	我对千山的负责任行为心怀感激					
3	我很感谢千山景区的奉献精神					

四、以下是对您的行为的价值判断，请根据您的真实认识，在符合的选项框里打"√"

序号	题项	非常 不同意	不同意	一般	同意	非常 同意
1	我会在旅游过程中遵守千山景区的环境管理规定					
2	我会妥善处理旅游过程中产生的垃圾					
3	我会劝说同伴不要做出破坏千山景区环境的行为					
4	我会参与关于千山景区环境保护方面的知识学习					
5	我会参加志愿者活动促进千山的环境保护					
6	我会主动向管理方反映环保方面的问题和建议					
7	我会努力说服同伴采取对千山景区保护有利的行为					
8	如果千山有环保主题的公益活动，我愿意参加					

五、其他信息

1. 您的性别：

□男　　□女

2. 您的年龄段：

□ 18 岁以下　　□ 18 ～ 25 岁　　□ 26 ～ 30 岁　　□ 31 ～ 40 岁

□ 41 ～ 50 岁　　□ 51 ～ 60 岁　　□ 60 岁以上

3. 您的学历：

□初中及以下　　□高中 / 中专　　□大学专科　　□大学本科

□研究生

4. 您的月收入：

□ 3000 元及以下　　□ 3001 ～ 6000 元　　□ 6001 ～ 9000 元

□ 9001 元及以上

5. 您目前从事的职业：

□企业员工　　□农民　　□自由职业 / 个体户　　□学生

□离退休人员　　□教师　　□政府机关 / 事业单位　　□其他

6. 您的居住地：

□辽宁省鞍山市　　□辽宁省内其他城市　　□辽宁省外其他城市

7. 您前往千山景区的次数：

□ 1 次　　□ 2 ～ 4 次　　□ 5 次及以上

8. 您对千山风景区的了解程度：

□非常不了解　　□不太了解　　□一般了解　　□比较了解

□非常了解